Wo unser Wetter entsteht

Rolf Schlenker
Sven Plöger

Wo unser Wetter entsteht

Eine meteorologische Reise

belser

Das Erste

Umschlaggestaltung von Wolfgang Heinzel unter Verwendung eines Farbfotos auf der *Vorderseite* von muratart – stock.adobe.com; Sven Plöger © Frank Kreyssig | HEARTWORK Media; *Hintere Klappe:* © dpa – Fotoreport, Fotograf: Martin Gerten; *Rückseite:* Erdbeere auf Eisscholle vor Grönland © Christian Zecha

Mit 169 Farbfotos und 5 Schwarzweißfotos.

Bibliografische Information der Deutschen Nationalbibliothek.
Die Deutsche Nationalbibliothek verzeichnet diese Publikation in der Deutschen Nationalbibliografie; detaillierte bibliografische Daten sind im Internet über http://dnb.dnb.de abrufbar.

Unser gesamtes Programm finden Sie unter **belser.de.**

Gedruckt auf chlorfrei gebleichtem Papier

2. aktualisierte Neuausgabe

Lizenziert durch SWR Media Services GmbH

ISBN 978-3-7630-2873-3
Redaktion: Dirk Zimmermann
Gestaltung und Satz: Verlagsbüro Wais & Partner, Stuttgart
Produktion: Tatyana Momot
Druck und Bindung: Print Consult GmbH

Printed in Slovakia / Imprimé en Slovaquie

MIX
Papier aus verantwortungsvollen Quellen
FSC www.fsc.org FSC® C084279

Bildnachweis

Fotografen
Jonsson, Sigurdur, 40–41; Fiegle, Michael, 48; Trepte, Andreas, 54 li.; Weber, Harald, 74; Nutschan, Conrad, 72; Kuhn, Moritz, 73; Bachner, Thorsten, 85; Schmitt, Christoph / www.ocean-la-gomera.com, 87; Rizzelli, Donato, 61 o.; Kreyssig, Frank | HEARTWORK Media, 15 o.; 31 o., 45, 57 o., 67, 79 o., Zecha, Christian, 2, 6, 8–9, 10, 12, 16 mi., 18, 20–21, 28 u. li., 34 o. re. und u., 38–39, 51 u. li., 52, 55, 58–59, 64, 70 o., 77, 97, 100 o., 101, 108–110, 114–115, 121 o. re. und u., 122–124, 127–128

Bildarchive
© Bibliothèque nationale de France, 43; © Collection Dr.Deqc Mota, 11; © CTHOE, 86 o.; © dpa – Fotoreport, Fotograf: Martin Gerten, 25; © Jack ma, 50; © kairospress, 71; © Kogo, 118; © Metropolitan Museum of Art, 27 o. li.; © National Maritime Museum, 27 o. re.; © NOAA / Satellite and Information Service, 69; © Ökologix, 113; © SWR / José Henrique Azevedo, 28 u. re.; © SWR / Martin Winkler, 14, 15 u., 22, 31 u., 44, 46– 47, 56, 57 u., 78–81, 84, 86 u., 95, 98–99, 102–103; ©SWR, 16 u., 17, 19, 32, 34 o. li., 35, 36, 51 o., 53, 70 mi. und u., 83, 85 o., 88–92, 100 u., 121 o. li.; © www.sergiontano.com, 62 o.; © www.YouReporter.it, 63 o. re. und u.; © YouTube-Video, associazione4f, 61 u.; © YouTube- Video, Canale di Matrig, 61 mi.; © YouTube-Video, Pierpaolo Magioncalda, 62 u.

Die übrigen Abbildungen stammen aus den Archiven des Verlags und der Autoren.

Der Verlag hat sich um die Beachtung der gesetzlichen Vorschriften bezüglich des Copyrights bemüht. Wer darüber hinaus noch annimmt, Ansprüche geltend machen zu können, wird gebeten, sich an den Verlag zu wenden.

Inhalt

Die Bedeutung des Klimawandels als Jahrhundertthema…

Schon in der dritten Klasse der Grundschule musste ich jedes Thermometer ablesen, jeden Wolkennamen lernen, jeden Blitz am Himmel verfolgen und jedes bildreiche Wetterbuch mehrfach lesen, bis ich es auswendig konnte. Meine Wetter-Faszination scheint also angeboren zu sein, weshalb auch immer. So war mein Weg zum Meteorologiestudium und damit zum professionellen TV-Wetterfrosch eigentlich vorgezeichnet. Also „wetterte" ich allabendlich fröhlich vor mich hin, bis plötzlich der Wissenschaftsjournalist Rolf Schlenker auf den Plan trat und mir „mal einfach so" sein Konzept der Dokumentation „Wo unser Wetter entsteht" unter die Nase rieb. „Ja!" war meine Antwort, noch bevor überhaupt irgendeine Frage gestellt war. Das war der Beginn einer wunderbaren Freundschaft. Da trifft jemand, der etwas vom „Fernsehen machen" versteht, auf jemanden, der etwas vom Wetter versteht, und schon sprudeln die Ideen …

Wie kann man Wetter mal ganz anders erklären? Unsere Idee: Nicht mit dem „Wie", sondern mit dem „Wo" beginnen! Die Frage in diesem Begleitbuch zur ARD-Dokumentation muss also lauten: „Wo entsteht unser Wetter?" An welcher Stelle werden die höchst unterschiedlichen Zutaten für unsere Wetterküche zusammengestellt, mit denen wir es im Wechsel der Jahreszeiten am Ende zu tun haben? Wie sieht es in diesen Regionen aus und vor allem: Was macht die Menschen aus, die in diesen Gebieten leben? Warum isst man auf Island etwa fermentierten Hai, dessen Anblick für einen Mitteleuropäer nicht unbedingt ein Garant für einen zu erwartenden Gaumenschmaus ist? Weshalb ist unser Sommerhoch, nach dem wir uns oft sehnen, nach ein paar kleinen portugiesischen Inseln mitten im Atlantik – den Azoren – benannt? Oder was hat der Ausbruch eines isländischen Vulkans 1783 mit der französischen Revolution zu tun? Warum kann Wetter, das aus Genua zu uns kommt, zu Überschwemmungen an Donau und Elbe führen? Solche Fragen führen zu beeindruckenden Geschichten, die Rolf und mich fesseln und diese wollen wir in diesem Buch in Text und Bild weitergeben.

Dazu kommt natürlich die Frage nach dem „Wie". Warum strömen die Luftmassen auf diesem Planeten und bei uns in der Mitte Europas auf welchen Wegen? Am Ende eine einfache Frage, deren Beantwortung aber hochkomplex ist. Also wie Licht ins Dunkel bringen? Rolf zeigt mir seine Hand, hält Daumen und Finger hoch und sagt: „Fünf!" Ich zucke mit den Schultern. „Wie fünf?" Rolf: „Wetter verstehen in fünf Schritten!" Ich schaue gelehrig, der rote Faden war geboren und der „Erklärbär" in mir erwacht. Unsere Arbeit war ein ständiger Austausch von „wie erklärt man Dinge kurz und verständlich und trotzdem richtig". Kein Schulbuch, sondern Erklärungen, die in die Erlebnisse unseren ganzen Teams eingebunden sind. Neben Rolf und mir gehörten der Kameramann Christian Zecha und der Tontechniker Michael Geisser zu dieser illustren Boygroup, wie wir unterschiedlichen Vier uns gerne selbst nannten.

Am Ende soll dieses Buch aber nicht nur faszinierende Wettergeschichten erzählen und die Zusammenhänge für Jede und Jeden verständlich erklären, sondern auch zum Weiterdenken anregen. Unser Klima ändert sich dramatisch und wir – die menschliche Gesellschaft – sind maßgeblich dafür verantwortlich. Wir werden auf diesem Wege immer mehr zu Opfern unserer eigenen Taten und diese Doppelrolle gilt es zu verstehen. Ein vernünftiges Handeln ist mehr als geboten, nicht zuletzt um nachfolgenden Generationen auch ein lebenswertes Umfeld auf diesem wunderbaren Planeten mit all seiner Vielseitigkeit zu ermöglichen.

Sven Plöger/Rolf Schlenker
im April 2021

DIE HEIMAT UNSERER HOCHS UND TIEFS

Warum entsteht eigentlich „Wetter“? Weil die Natur keine Unterschiede mag. Sie will ausgleichen, wenn es irgendwo auf der Erde ein „Zuviel“ und ein „Zuwenig“ gibt, Wärme zum Beispiel. Da der Äquator von der Sonne stärker aufgeheizt wird als die Pole, setzt die Natur einen Transport von Wärmeenergie auf zwei verschiedenen Wegen in Gang: Etwa 50 % dieses Energieaustauschs läuft über die Luft, die andere Hälfte über die Meere. Dieser Logik folgt auch das Buch. Teil 1 handelt vom Transportweg über die Atmosphäre. Er sorgt dafür, dass auf Höhe der Azoren die Hochs und auf der Höhe Islands die Tiefs entstehen, die unser Wetter bestimmen.

Die Azoren – Die neun Mütter unserer Hochs

23. September 1957, es ist 6:30 Uhr, Morgengrauen: Der Mann, der auf dem hohen Felsen an der Westküste der Azoreninsel Faial sitzt, springt plötzlich aufgeregt auf und blickt durch sein Fernglas. Er glaubt seinen Augen nicht zu trauen: Was sich da unter ihm im Meer abspielt … so etwas hat er noch nie gesehen.

Der Mann hat einen wichtigen Job: Er sucht von seinem Beobachtungsposten das Meer ab – stundenlang. Bis er die verräterische Fontäne sieht. Dann rennt er in einen kleinen Bretterverschlag. Bis vor wenigen Jahren hätte er noch ein Horn geholt und hineingeblasen – ein raumgreifender Ton, der seine Kollegen unten am Wasser alarmiert hätte. Dann hätte er durch bestimmte Schwenkbewegungen mit einem Tuch signalisiert, wo er die Fontäne gesichtet hatte. Doch seit kurzem hat er ein Sprechfunkgerät, in das er „Balaia" rufen würde – Wal. Dann noch eine Kompasspeilung hinterher. Und Minuten später würden tief unter ihm, im Walfängerhafen Porto do Comprido, mehrere Holzboote in die Brandung geschoben werden – Start einer blutigen Jagd auf den Meeresriesen. Doch die Blasen, die der Mann auf dem Ausguck an diesem 23. September 1957 sieht, stammen von keinem Wal. Immer schneller kommen sie an die Wasseroberfläche, immer heftiger zerplatzen sie – kein Zweifel: Da draußen kocht das Meer!

Noch eine Person hat an diesem Morgen das Geschehen unmittelbar vor der Steilküste Faials auf-

Hochdruck = ewiger Sonnenschein? Diese Gleichung stimmt – zumindest auf den Azoren – nicht.

merksam und sorgenvoll beobachtet: Tomaz Pacheco da Rosa, ein Mann, der in seiner Marineuniform wie ein Kapitän aussieht, aber einen ausgewiesenen Landjob hat, er ist der Leuchtturmwärter von Capelinhos. Sein Arbeitsplatz ist ein 20 Meter hoher, sechseckiger Basaltturm, der auf einem mächtigen, zweigeschossigen Steingebäude steht – hoch oben auf den senkrecht abfallenden Klippen weist er seit 1903 den Schiffen den Weg. Als eingefleischter Azorer weiß Tomaz Pacheco sofort, was es mit dem unheilvollen Brodeln auf sich hat: Auf dem Meeresgrund unmittelbar vor seinem Leuchtturm ist ein Vulkan am Ausbrechen. Schon Tage vorher haben zahlreiche leichtere Erdstöße darauf hingewiesen, dass das Erdinnere in Aufruhr ist.

In den folgenden Stunden wird das Brodeln immer heftiger, Dampfsäulen stehen jetzt über der Wasseroberfläche, es folgen immer dichter werdende dunkle Rauchwolken, aus denen schwarze Asche rieselt – alles peinlich genau notiert von Senhor Pacheco, der nicht nur wie ein Kapitän aussieht, sondern auch wie einer handelt: Er wird seinen Arbeitsplatz als Letzter verlassen – was im Fall Capelinhos bedeutet: in einigen Monaten.

Der Capelinhos auf Faial: Gefährlich war er nur in der näheren Umgebung. Deshalb war er über viele Monate das Top-Ausflugsziel azorischer Familien. Von kaum einem Vulkanausbruch gibt es so viele Privatfotos.

Lieblich ist anders: Die Küsten der Azoren sind felsig und rau, die wenigen Sandstände sind schwarz …

Er steht auch da oben, als vier Tage später, am 27. September, der große Knall kommt. Um 6:45 Uhr bricht der Vulkan mit voller Macht aus und schleudert Steine, Schlamm und Asche einen Kilometer weit in die Höhe – vor dem Leuchtturm steht jetzt eine gigantische schwarze Rauchsäule, Bilder, die um die Welt gehen.
Was dann kommt, macht die Capelinhos-Eruption zu einem der gewaltigsten Vulkanausbrüche der Neuzeit: Bis zum 24. Oktober 1958, also ganze 13 Monate lang, spuckt der Vulkan 30 Millionen Tonnen Asche und Lava bis zu eineinhalb Kilometer in die Luft, ganze Landstriche werden meterhoch unter einer grauen Staubschicht begraben, die 2000 Menschen obdachlos macht und die Ernte in der Gegend vernichtet.
Das ist die Negativbilanz des Ausbruchs.
Und das Positive: Am Ende war Faial um rund 2,4 km^2 größer geworden. Der gewaltige Lavaauswurf hatte vor der Küste eine neue Insel geschaffen, die sich schließlich mit der Hauptinsel über eine Landbrücke vereinigte. Wo der Leuchtturmwarter bis zum September 1957 Wasser sah, war nun eine gigantische rotbraune Fels- und Aschelandschaft entstanden, die heute ein vielbesuchtes Touristenziel ist – nicht zuletzt dank eines spektakulären Museums, das im schwarzen Vulkansand versenkt wurde.
Der Capelinhos-Ausbruch war nur einer von unzähligen in vielen Millionen Jahren. Und jedes Mal war der Katastrophe ein Zugewinn an Land gefolgt. So waren acht der neun Inseln entstanden, die die Azoren bilden – im ewigen Nacheinander von Zerstören und Entstehen.
Und dem Aspekt „Entstehen“ verdanken wir auch das Thema dieses Buchs.
Denn die riesigen Mengen an Feststoffen, die gewaltige Ur-Vulkane vor vier Milliarden Jahren in die Luft bliesen, waren mitverantwortlich dafür, dass um die Erde herum eine Schutzhülle entstand, eine Art Ur-Atmosphäre, die die Erdoberfläche nicht nur vor zerstörerischer kosmischer Strahlung schützte, sondern auch die Bildung von Wolken förderte, die das Verdunstungswasser der Ur-Ozeane ins Landesinnere transportieren konnten – was wir als „Wetter“ oder „Klima“ bezeichnen, ist somit vulkanische Erbmasse.

Hochdruck = ewige Sonne? Von wegen!

Wer in Sachen „Azoren“ im Netz recherchiert, stößt früher oder später auf den Begriff „Crosswind landing“ – auf deutsch: Landung bei stürmischem Seitenwind. Gleich mehrere YouTube-Videos gibt es dazu – und auf allen sieht das spektakulär aus: Die Nase eines ankommenden Flugzeugs zeigt nicht in Richtung Landebahn, sondern auf einen Punkt weit links oder rechts von ihr; dazu kommt eine Technik, die in der Fachsprache „sideslip approach“ heißt, also Anflug mit „hängender“ Tragfläche. Das Flugzeug liegt damit gleich auf zwei

Wetter verstehen in 5 Schritten

Schritt 1: Warum gibt es eigentlich Wetter?

Wetter ist im Grunde nichts weiter als das schlichte Ergebnis der ungerechten Verteilung der Sonnenenergie auf der Erdkugel – mit besonderer Betonung auf „Kugel". Durch die Kugelform treffen die Sonnenstrahlen in den Polregionen nämlich schräger auf die Erde als im Bereich des Äquators. Dieselbe Energiemenge muss folglich eine unterschiedlich große Fläche erwärmen. Deshalb ist es am Äquator und in seiner Nähe erwartungs- und erfahrungsgemäß wärmer (energiereicher) als am Nord- oder Südpol. Und genau in diesem Moment setzt der unbestechliche Gerechtigkeitswille der Natur ein. Sie will die Unterschiede bei der Wärmezufuhr ausgleichen und transportiert deshalb die Energie von niederen in hohe Breiten, kurz: von „zu viel" nach „zu wenig". Davon könnten wir Menschen glatt noch lernen, bei uns ist es schließlich oft umgekehrt – aber das gehört in ein anderes Buch.

Um Wärme in der Atmosphäre zu transportieren, muss sich die Luft bewegen und diese bewegte Luft verspüren wir als Wind. Warum er wie weht, wird an anderer Stelle beschrieben, aber unsere manchmal im Alltag verhassten Tiefdruckgebiete übernehmen weltweit die wichtige Aufgabe, warme Luft polwärts – bei uns auf der Nordhalbkugel also nach Norden – zu transportieren, und aus Gründen des Ausgleichs kalte Luft Richtung Äquator, denn

Die Sonnenstrahlen treffen am Äquator senkrecht und am Pol schräg auf.

Die heiße Luft am Äquator steigt bis zur Tropopause auf und bewegt sich dann nach Norden.

hier befindet sich ja nun „zu wenig" Luft.
Natürlich vermischt sich die Luft auf ihrer langen Reise mit der Umgebungsluft, sodass niemals heiße Tropikluft direkt die Polregion erreicht oder arktische Kaltluft im schwülwarmen Regenwald landet, aber die Luftströmungen sorgen stets dafür, dass Unterschiede abgebaut werden. Das kann man mit einem Topf kalten Wassers vergleichen, den man auf eine heiße Herdplatte stellt. Niemals würden beide unbeeindruckt voneinander einfach nur so dastehen. Vielmehr kann man sich ganz sicher sein, dass ein Wärmestrom von der heißen Herdplatte zum Topf und damit zum Wasser einsetzt – und voller Freude können wir am Ende einen heißen Kaffee trinken.

Wer's noch ein bisschen genauer wissen will:

Die Atmosphäre allein ist dieser energetischen Ausgleichsaufgabe nicht gewachsen, deshalb übernimmt sie sie gemeinsam mit den Ozeanen. Hier wird die Energie durch die Meeresströmungen bewegt, und deshalb sind die Ozeane nicht zu unterschätzen: Sie teilen sich den Wärmetransport nämlich ziemlich genau im Verhältnis 50:50 mit der Atmosphäre.
Und noch etwas Wichtiges: Ein Wind wird immer nach seiner Herkunft benannt. So ist ein Westwind ein Wind, der aus Westen kommt, also eine von West nach Ost gerichtete Luftströmung! Oder ein Seewind: Er kommt von der See her und weht kühlend zum Land. Nicht selten ist es deshalb beispielsweise an Nord- und Ostsee vormittags um 11 Uhr wärmer als zur Mittagszeit, denn die von der Sonne aufgeheizte Luft über dem Land steigt nun nach oben. Da dann aber unten Luft fehlen würde, ist der Seewind folglich nichts weiter als die erfreuliche und notwendige Ausgleichsströmung, denn luftarme oder gar luftleere Räume mag die Atmosphäre nicht.

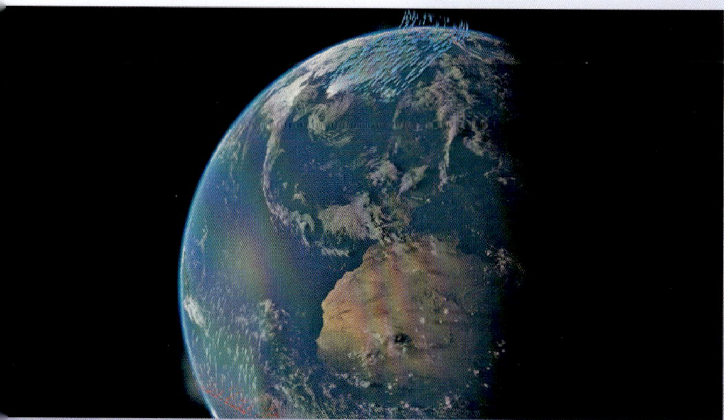

Kaltluft sinkt über dem Nordpol ab und strömt nach Süden.

Kommt auf den Azoren häufiger vor: Crosswind landing, das heißt Landung bei starkem Seitenwind.

Achsen schräg in der Luft und geigt so – von Böen geschüttelt – auf die Landebahn zu, ein Anblick, bei dem man sich wünscht, ihn nie vom Kabineninneren aus miterleben zu müssen.

Aber warum findet man diese ungewöhnliche Häufung von Crosswind landings ausgerechnet beim Surfen zum Thema „Azoren"? Sturmlandungen im Herzen des Hochdrucks? In einer Region, in der doch eigentlich ständig die Sonne scheinen sollte?

Das ist das erste Klischee, das man als Azorentourist über Bord werfen muss: Die Azoren sind durchaus nicht der Hort des ewigen Sonnenscheins. Und das, obwohl in der Wettervorhersage ständig von Azoren-„Hochs" die Rede ist, während die Tiefs ausschließlich bei den armen Isländern zu entstehen scheinen. „Dir gefällt das Wetter nicht? Warte eine halbe Stunde …", lautet eine gängige azorische Redewendung. Azorenwetter ist wechselhaft: Es wird bestimmt durch schnelle Folgen von Sonne und Regen, und wer im Meer baden möchte, muss sich erst einmal an die heftige Brandung gewöhnen, was heißt: Meer und Land werden von kräftigen Winden zerzaust.

Kein Wunder: Diese neun weit auseinandergezogenen Inseln liegen 1500 Kilometer vor der portugiesischen Küste und 3600 Kilometer vor der amerikanischen Ostküste – also mittendrin im rauen Atlantik.

Ananas von den Azoren: Sie sind kleiner und weniger süß als die aus dem Supermarkt, aber äußerst aromatisch. Besonders geschätzt werden sie in Kombination mit gegrillter Blutwurst.

Wechselhaftes Wetter: Eine Azorenstraße kann in einem Moment so …

… und nur kurz später so aussehen.

Aber warum entstehen ausgerechnet hier, in diesem unwirtlich scheinenden Umfeld, unsere Hochdruckgebiete? In Info-Box (Seite 44–47) wird ausführlich erklärt, dass dies vor allem einem Umstand zu verdanken ist: Dass unsere Erde eben nicht stillsteht, sondern sich dreht.

Rauer Atlantik plus Hochdruckgürtel: Dieser Mix erzeugt ein Klima, das auf engstem Raum die unterschiedlichsten Vegetationszonen bildet. So fährt man auf einer Azorenrundfahrt in einem Moment an einem Wasserfall vorbei, der in eine üppige subtropische Flora eingebettet ist, und

Das subtropische Klima sorgt für reizvolle Landschaftskontraste: Fühlt man sich in der einen Ecke wie im Dschungel, so kommt man sich nur ein paar Kilometer weiter wie im Allgäu vor.

nur ein paar Kurven weiter steht man vor einer Weide mit schwarz-weißem Fleckvieh und einem Wald mit japanischen Sicheltannen im Hintergrund – ein Anblick, der sich nur bei sehr genauem Hinschauen vom Allgäu unterscheidet. Diese klimatische Bandbreite schlägt sich wunderbar nieder in einem azorischen Nationalgericht: „Morcela com Ananás", Blutwurst mit gegrillter Ananas – das eine von den saftigen Viehweiden, das andere aus den subtropischen Plantagen.

Sven Plöger auf Wetterreise durch die Azoren.

Dieses ungewöhnliche Klima ist auch der Grund, dass sich auf den Azoren eine Pflanze heimisch fühlt, die sonst einen weiten Bogen um Europa macht.

Besuch bei einem Sensibelchen

Was wären unsere Illustrierten öde und langweilig, gäbe es in Hollywood nicht noch so richtige Diven – solche wie zum Beispiel Popsternchen Mariah Carey. Von ihr wird erzählt, dass sie schon mal einen Auftritt abbläst, wenn in ihrem Hotel bei der Ankunft kein roter Teppich zwischen Eingang und ihrer Limousine ausgerollt wird und diese Limousine auch kein Maybach sein sollte, wenn die Badewanne nicht mit Evian-Wasser gefüllt ist, wenn es versäumt wurde, 20 Luftbefeuchter um ihr Bett herum aufzureihen, oder wenn für den Champagner keine Gläser mit Strohhalmen bereit stehen …

Nehmen wir mal an, jede dieser Kolportagen würde einer gründlichen journalistischen Gegenrecherche standhalten – in Sachen „Allüren" würde eine andere Diva da ganz locker mithalten: die Teepflanze. Auch sie pflegt nur aufzutreten, wenn eine ganze Latte an Voraussetzungen stimmen – und diese Latte ist mindestens ebenso lang wie die des Popsternchens.

So braucht Tee:

- einen feuchten Boden – aber bitte nicht zu sehr, Staunässe verträgt das Sensibelchen nämlich nicht;
- einen Boden pH-Wert zwischen 5 und 6; eine Jahresdurchschnittstemperatur von 18 bis 30 °C, aber: ja nicht kühler und ja nicht heißer!
- eine hohe Luftfeuchtigkeit;
- eine gleichmäßige Verteilung der Niederschläge über das ganze Jahr;
- vier Sonnenstunden am Tag, aber natürlich nicht zu stark, zu direkt oder – Gott behüte! – gar am Stück.

Ananasplantagen dank eines subtropischen Klimas: Das „sub“ bedeutet, dass es hier nicht dauerhaft heiß ist wie in den Tropen, dass das Klima aber auch nicht – wie bei uns – von vier Jahreszeiten beherrscht wird, sondern nur von zwei. Auf den Azoren gibt es warme Sommer und milde Winter.

Tee und Europa – normalerweise passt das nicht zusammen. Die Pflanze stellt hohe Anforderungen an Sonnenscheindauer, Feuchtigkeit, Bodenbeschaffenheit und … und … und … Allerdings: Die Azoren bilden mit ihrem Klima eine Ausnahme.

Lange Zeit waren die Azoren die einzige Ecke Europas, in der sich das verwöhnte Pflänzchen Tee wohlfühlte, mittlerweile gibt es einen weiteren Versuch in Cornwall. Und das restliche Europa? Zu kalt! Zu trocken! Zu nass! Zu heiß … zu sonnig … zu schattig … igitt!

Die Urmutter des europäischen Tees heißt „Cha Gorreana“, eine Plantage im Norden von São Miguel. Seit 1883 wird dort Tee gepflückt. Wenig hat sich seit damals in dem wunderschönen, weiß gekalkten Landgut geändert: Die Maschinen der Teefabrik wirken wie Ausstellungsstücke in einem Technikmuseum, ein Eindruck, der allerdings bewusst gepflegt wird – man ist traditionsbewusst. So wurde auch eine andere Sache beibehalten, bei der ausgekochte Tourismusmanager die Hände über dem Kopf zusammenschlagen: Die Besichtigung ist – inklusive Teeprobe – kostenlos. Und das, obwohl sich in der Hochsaison die Busse vor „Gorreana“ stauen. Und wenn jeder der Besucher nur fünf Euro zahlen würde, dann … aber: „Diese Linie hat mein Großvater begründet“, erzählt Madalena Mota, die zusammen mit ihrer Schwester das Unternehmen in fünfter Generation führt, „er war in seinem Herzen Republikaner und sehr sozial eingestellt“. So richtete er auch weit und breit den ersten Betriebskindergarten ein, in dem die Teepflückerinnen ihre Kinder abgeben konnten.

Zur Tradition gehört auch, dass bei „Cha Gorreana“ keine Spritzmittel verwendet werden. Ein großer Teil der 50 Tonnen Tee, die hier Jahr für Jahr produziert werden, geht deshalb in den Export und ist zum Beispiel in deutschen Bio-Regalen zu finden.

Kurzes Azorenfazit:

Idealbedingungen für Tee, Rinder und Ananas, aber: Azorenwetter ist nicht gleich blauer Himmel und Sonnenschein!

Die nächste Erkenntnis: Blauer Himmel und Sonnenschein ist nicht gleich schönes Wetter! Der Beweis: Der Sommer 2003.

CHÁ GORREANA

Die Sonne – ein „gelber Zwerg“ – ist der Motor für unser Wetter

Keine Sorge beim Begriff „Zwerg“: Für unsere Maßstäbe ist die Sonne wirklich sehr groß – immerhin würde unser Planet Erde 1,3 Millionen Mal in unser Zentralgestirn hineinpassen. Sein Durchmesser beträgt fast 1,4 Millionen Kilometer, bei der Erde sind es gerade mal 12 000. Weil die Sonne groß und schwer ist, hat sie auch eine unglaubliche Anziehungskraft, physikalisch gemeint natürlich. Also Gravitation. Ein Mensch mit einem Gewicht von 85 kg – wir Autoren erkennen uns hier natürlich wieder – wöge auf der Sonne so viel wie ein Fahrzeug der oberen Mittelklasse, nämlich 2374 kg. Völlig unabhängig vom eigenen Gewicht auf der Sonne käme man dort stets ins Schwitzen, denn die Sonnenoberflächentemperatur liegt bei rund 5500 °C, in ihrem Kern ist es mit 15 Millionen Grad einfach nur noch unvorstellbar heiß.

Warum aber „Zwerg“? Weil Weltraummaßstäbe auch ganz anders ausfallen können: Einige uns bekannte „rote Riesen“ haben nämlich mehr als 1000 Sonnenradien zu bieten. Auch unsere Sonne wird sich einmal zu einem „roten Riesen“ aufblähen; nicht ganz so riesig, aber ihr Radius wird dann immerhin etwa bis zur Erde reichen. Aktuell ist das aber nicht das besorgniserregendste Ereignis für uns, denn es wird erst in zirka sechs Milliarden Jahren so weit sein.

Bis dahin wird in der Sonne unter großer Hitze und unter extremem Druck weiterhin eifrig Wasserstoff zu Helium fusioniert, was beachtliche Energie freisetzt! Die Fusionsleistung unseres Sterns beträgt nämlich 385 Quadrillionen Watt. Wenn Ihnen bei dieser Zahl zu Recht der Kopf raucht, denn es geht hier um eine 385 mit 24 Nullen dahinter, dann merken Sie sich einfach „viel“ oder besser „sehr viel“. Und nun das – versprochen – letzte, aber beachtlichste Zahlenspiel. Nur ein knappes Zweimilliardstel der Sonnenenergie kommt auf unserem Planeten an, der „Rest“ geht einfach an uns vorbei oder wird von der Atmosphäre ins Weltall zurückgeworfen. Doch diese für uns verbleibende Minimenge ist zum einen immer noch rund 5000 Mal so viel, wie die gesamte Menschheit derzeit an Energie braucht (ja, Solarenergie lohnt sich!) und zum anderen bringt sie uns Leben – und das Wetter!

Wenn Hochs zur Katastrophe werden: „Michaela" und die Folgen

Welche Frau würde sich wohl darüber freuen, in einem Atemzug mit Sturmböen, Hagelschauern, Regengüssen oder Schneefällen genannt zu werden? Das dachte sich im Jahr 2002 wohl auch Herr Simon aus dem Hegau, einer malerischen Vulkanlandschaft im Hinterland des Bodensees. Also beschloss er, seiner Frau lieber strahlenden Sonnenschein und wohlige Wärme zu schenken. Denn er hatte gerade von einer brandneuen Geschenkidee gelesen: Die Freie Universität Berlin hatte – immer auf der Suche nach alternativen Geldquellen – damit begonnen, Namenspatenschaften für Hoch- und Tiefdruckgebiete zu verkaufen. Und Herr Simon griff für 299 Euro sofort zu und legte seiner Michaela das 39. Hoch des kommenden Jahres unter den Christbaum. Ach, hätte er doch nur Hoch 38 oder 40 genommen! So aber wurde der Name seiner Herzensdame zum Synonym für eine der verheerendsten Wetterkatastrophen seit Beginn der Klimaaufzeichnungen. Schlimmsten Schätzungen zufolge forderte Hoch „Michaela" 2003 europaweit 70 000 Menschenleben und richtete einen volkswirtschaftlichen Schaden von 13 Milliarden Dollar an – und alles ganz ohne Sturm und Starkregen. Nur mit Sonnenschein und blauem Himmel.

Alles begann Ende Juli, Anfang August 2003 mit der Entwicklung einer Wetterkonstellation, die in der Fachsprache „Omegalage" heißt. Und zwar deshalb, weil sie genauso aussieht wie der griechische Buchstabe Omega.

Dabei liegt im Inneren des Buchstabenrunds ein Hoch, gegen die beiden Schenkel drückt von außen je ein Tief. Die Folge: Die drei Protagonisten hindern sich gegenseitig am Weiterziehen – tagelang, manchmal wochenlang bleibt das Wetter einfach so, wie es gestern war. Und vorgestern. Der 1. August 2003 ist der Tag, an dem das gerade neu entstandene Hochdruckgebiet auf den Vornamen von Frau Simon getauft wird. Anfangs freuen sich die Menschen noch über „Michaela": Endlich mal wieder richtig Sommer satt: Radtouren! Freibad! Grillparties! Biergarten! Doch dann beginnen die Flußpegel zu sinken – bei gleichzeitigem Ansteigen der Wassertemperaturen: Die ersten Gewässer kippen, es kommt zu Fischsterben. Dann dürfen in den Wohngebieten die Gärten wegen des akuten Wassermangels nicht mehr gegossen werden, städtische Grünanlagen verwandeln sich in „Braun"anlagen, weil der Rasen verdorrt, die Nächte sind inzwischen so heiß, dass nur noch der einigermaßen ruhig schlafen kann, der eine Klimaanlage besitzt.

Und auch die Tagestemperaturrekorde purzeln reihenweise, gleich mehrmals wird die 40 °C-Schallgrenze erreicht oder überschritten: Am 13. und vorletzten Tag von „Michaela" werden 40,2 °C in Freiburg und Karlsruhe und 40,3 °C im

Nein, das ist nicht der Sahelgürtel, sondern der Rhein bei Düsseldorf: Das Hitzehoch „Michaela“ hat im August 2003 aus Deutschlands längstem Fluss eine ausgetrocknete Schlammwüste gemacht.

saarländischen Perl-Nennig gemessen, die höchsten Temperaturen seit Beginn der Wetteraufzeichnungen in Deutschland.

Parallel dazu nimmt die Zahl der Kreislaufzusammenbrüche dramatisch zu. Das Problem: Mit Hitze kommen wir weitaus schlechter zurecht als mit Kälte. Herrschen zum Beispiel draußen minus 13 °C, dann können wir das problemlos ausgleichen, mit warmer Kleidung etwa. Das heißt: Selbst wenn zwischen Außen- und unserer Körpertemperatur eine satte Differenz von 50 Grad (im Beispiel: –13 °C und 37 °C) liegen sollte, ist das keine größere Affäre.

Ganz anders sieht es mit der Toleranz nach oben aus. Da streikt unser Körper oft schon, wenn die Hitze unsere Körpertemperatur noch gar nicht erreicht, also in einem Bereich zwischen 30 °C und 35 °C. Der Grund: Mehr als ausziehen geht nicht, jetzt muss unser Herz zur Kühlung vermehrt Blut aus dem Körperinneren in die Außenbereiche pumpen – je heißer, desto schneller und stärker. Und wenn – wie bei „Michaela“ – die Temperaturen dann unsere Körpertemperaturen noch übersteigen, dann kommt es zu diesen massenhaften Kreislaufzusammenbrüchen, die tödlich enden können, wenn man sich nicht frühzeitig um sie kümmert. Und diese medizinische Erstversorgung war eben nicht überall gleich gründlich – in einigen europäischen Ländern lagen die Opferzahlen deshalb besonders hoch.

Denn: Überall auf dem Kontinent stöhnen die Menschen unter der zwei Wochen lang anhaltenden Hitze und Trockenheit. Besonders hart trifft es Frankreich, vor allem die Hauptstadt, wo sich die zubetonierten Flächen ungleich stärker mit Wärme aufladen als Gegenden im Grünen – eine stetig steigende Ozonbelastung der Atemluft verstärkt die körperliche Belastung dabei noch zusätzlich. In den überhitzten Wohnungen kollabieren Menschen – vor allem ältere – gleich reihenweise. Und mit jedem Hitzetag spitzt sich die Lage weiter zu. Dann kommt der 11. August, der „schwarze Montag“. Insgesamt 3000 Pariser sterben innerhalb von 24 Stunden, an Kreislaufversagen, Hitzschlag oder Dehydrierung. „Nicht einmal am schlimmsten Tag des Zweiten Weltkriegs starben hier so viele Menschen auf einmal“, beschreibt ein entsetzter Pariser Notarzt gegenüber der BBC die Situation.

Auf dieses apokalyptische Sterben innerhalb nur weniger Stunden sind weder die Krankenhäuser, Leichenhallen oder Bestattungsunternehmen vorbereitet – in atemloser Eile beginnt man Kühl-LKWs und die Kühlanlagen von Supermärkten und des Großmarkts von Rungis leerzuräumen, um die unfassbare Masse an Toten unterzubringen.

Was die Menschen damals besonders schockiert: Viele der älteren Toten werden überhaupt nicht vermisst. Entweder waren sie alleinstehend und ohne jeglichen Sozialkontakt oder ihre Familien sind gerade auf Badeurlaub am Mittelmeer.

57 dieser unbemerkt verstorbenen Pariser werden am 3. September 2003 bestattet – in Anwesenheit des französischen Präsidenten.
Dieses vereinsamte Sterben löste damals eine heftige Debatte aus. „Eine nationale Schande" oder „Eine französische Barbarei" titelten die Zeitungen – eine Reaktion auf die chronische Unterfinanzierung des französischen Sozialsystems. So hatten die zuständigen Behörden die Hitzewelle kurzerhand zu einer Privatsache erklärt, mit deren Folgen jedermann für sich selbst zurechtkommen müsse. Ebenfalls im Fadenkreuz scharfer Kritik: Die französische Regierungsriege, die es lange Zeit nicht für nötig gehalten hatte, angesichts der Katastrophe ihren Urlaub zu unterbrechen – entsprechende Forderungen wurden bis zuletzt als gezielte Kampagnenversuche der Opposition abgetan.
Trotz dieses kollektiven Staatsversagens fassten sich viele Menschen auch an der eigenen Nase und fragten: Was sind wir für eine Gesellschaft, in der wir uns so wenig um unsere Nächsten kümmern, seien es Familienangehörige, Bekannte oder einfach nur Nachbarn?
Europaweit mehrere Zehntausend Tote und Milliardenschäden: ein soziales, ökonomisches und ökologisches Beben, ausgelöst durch eine stabile Hochdrucklage.

Azoren – eine ewige Geschichte als Zwischenstopp

Das Azorenhoch ist der Hauptgrund, warum jedes Kind den Namen dieser Inselgruppe kennt, die in den gottverlassenen Weiten des Atlantiks liegt. Weiter hinten im Buch lernen Sie noch andere Gründe kennen: Der Golfstroms fließt zum Beispiel hier vorbei (siehe Seiten 96–98). Und – noch wichtiger: Die Inseln liegen in der Westwinddrift, die seit Jahrhunderten die Segelschiffe von Amerika in Richtung Europa treibt. Dieser Umstand macht sie seit Jahrhunderten zu einem wichtigen geostrategischen Ort. Und begründete eine lange Geschichte als *der* Zwischenstopp zwischen der Neuen und der Alten Welt.
Große Namen der Seefahrt gingen hier auf ihren Entdeckungsreisen vor Anker: Christoph Kolumbus oder James Cook, darüber hinaus machten Walfänger aus aller Herren Länder hier Station. Aber auch über die Seefahrt hinaus wurden die Inseln zunehmend interessant: 1885 begann zum Beispiel die große Zeit der Telegrafie per Unterwasserkabel. Eines der ersten Kabel verband Horta auf Faial mit Lissabon, vor allem mit dem Ziel, frühe Wettervorhersagen für die portugiesische Schifffahrt zu erhalten. Einige Jahre später verlegte die Deutsch-Atlantische Telegrafengesellschaft ein Kabel von Borkum nach Horta, und die amerika-

Zwei prominente Azorenbesucher: Christoph Kolumbus (links, posthumes Porträt von Sebastiano del Piombo, 1519) und James Cook (rechts, Porträt von Nathaniel Dance-Holland, 1776).

nische „Commercial Cable Company" von Horta nach Kanada und New York – nun konnte man erstmals von Deutschland nach Amerika telegrafieren. Erst 1969 gab die letzte Kabelgesellschaft auf – Funk, Telefon und Luftpost hatten die Kabeldienste überflüssig gemacht.

Am 23. Mai 1919 setzte eine viermotorige NC 4, ein amerikanisches Wasserflugzeug, im Hafen von Horta auf, eine Sensation. Denn dies war – lange vor Charles Lindbergh – der erste Transatlantikflug und in Ermangelung eines Flughafens wurde auf dem Wasser gelandet. Die Pioniertat machte schnell Schule: Immer mehr große Fluglinien nutzten die Azoren als Zwischenstopp auf dem Flug nach New York, zum Beispiel ab 1936 die Lufthansa mit ihrem Flugboot „Zephir".

Dann kam der Zweite Weltkrieg. Und auch hier kam den kleinen Inseln eine Schlüsselrolle zu: Ab 1943 nutzten die Briten und ein Jahr später auch die Amerikaner die Azoren als Stützpunkt zur Sicherung ihrer Versorgungskonvois für die Kriegsgegner Deutschlands – so wurden auch Seegebiete rund um die Inseln Schauplätze erbitterter Seegefechte.

Die freundlichste Form des Zwischenstopp-Daseins gibt es seit rund 100 Jahren: „Peters Cafe Sport" am Stadthafen von Horta auf Faial. Die kleine Kneipe war 1918 von Henrique Azevedo gegründet worden, ein Mann, der nicht nur sportbegeistert war, sondern auch eine smarte Geschäftsidee hatte. Der Ausgangspunkt: Immer wenn ein Schiff in den Hafen einlief, durfte die Mannschaft erst dann von Bord, wenn der einzige Marinearzt am Ort die Seeleute untersucht hatte – eine seuchenpolitische Schutzmaßnahme. Da aber sehr viele Schiffe nach Horta kamen, hatte der Mediziner sehr viel zu tun und die Schiffsbesatzungen mussten oft tagelang auf seinen Besuch warten – nach der harten Atlantiküberquerung eine weitere Tortur. In dieser Situation ruderte Henrique zu den ankernden Schiffen, ließ sich von den ungeduldigen Seeleuten die Pässe geben, redete abends mit dem Arzt und überzeugte ihn davon, dass er die Crew in guter Verfassung angetroffen hatte und deshalb der Arzt guten Gewissens den ersehnten Vermerk in die Pässe stempeln könne. Was er auch tat, denn: Mehr als einen kurzen Blick auf die Leute zu werfen, hätte er auch nicht leisten können.

Mit dieser einfachen Dienstleistung verpflichtete der clevere Henrique Segler und Seeleute gleich in Scharen zur Dankbarkeit – und damit zum Besuch seines Cafés. Seit dieser Zeit bevölkern ganze Schiffsbesatzungen Abend für Abend das blaugestrichene Haus an Hortas Hafenpromenade – mittlerweile steht der Enkel hinter dem Tresen. Legendär wurde die Kneipe wegen eines weiteren tollen Service: Hierher konnten sich Blauwassersegler ihre Post schicken lassen, der jeweilige Wirt wechselte jede auch noch so exotische Währung – und dass man bei „Peter“ überdies noch einen sehr anständigen Gin Tonic zu mixen verstand, vervollständigte das positive Bild.

Waren es früher Handelsschiffe oder Walfänger, sind es heute die Yachten von Transatlantikseglern, die in Horta festmachen. Mittlerweile gehört es zu einem Atlantiktörn einfach dazu, ein Bild auf die Hafenmauer zu malen und anschließend bei

Legendäre Seglerkneipe: „Peter Café Sport“ in Horta auf Faial. José Azevedo, der Enkel des Gründers, zeigt sein spektakulärstes Wetterfoto „Neptun auf Horta“.

„Peter" zum ersten Mal seit Langem wieder ein europäisches Bier zu trinken.

So wie die wettergegerbten Besucher seiner Kneipe ist auch der heutige Wirt, José Azevedo, von „Wetter" durch und durch fasziniert. Und eine Wettergeschichte erzählt er besonders gerne: Die von dem Sturm am 15. Februar 1986, dem schwersten, der die Azoren seit Beginn des 20. Jahrhunderts bis heute traf.

Zwischen 12 und 16 Uhr hatte er – vom Wetterdienst nicht vorhergesagt – urplötzlich eingesetzt und trieb mit Windgeschwindigkeiten von 250 Stundenkilometern riesige, bis zu 20 Meter hohe Wellenberge in die Bucht von Porto Pim im Westen der Stadt. José Azevado, der Enkel von „Peter", ging auf einen nahe gelegenen Hügel, um das Naturspektakel zu fotografieren. Und dabei gelang ihm eine sensationelle Aufnahme: Sie zeigt, wie eine gewaltige Welle auf eine senkrechte Felsnase am Ende der Bucht kracht – mit einer solchen Wucht, dass die Gischt 60 Meter hoch in die Luft katapultiert wird. Doch das ist noch nicht alles …

Zwei Jahre später: Für eine Ausstellung vergrößert José das Foto – und macht dabei eine faszinierende Entdeckung. Denn: In der Gischt sieht er plötzlich ein Gesicht! Haare, Augen, Nase Mund, Bart – alles da … wie der Kopf einer antiken Götterstatue. Und zwar nicht irgendeines Gottes, sondern desjenigen, der in der römischen Mythologie für solche Meereskatastrophen verantwortlich zeichnete: Neptun höchstpersönlich.

„Neptun in Horta" nannte der „Peter"-Enkel dieses Foto, das jeden Betrachter fasziniert – schon aufgrund der gewaltigen Wellenberge, die bedrohlich auf die Häuserfront am Wasser zurollen.

Der Hafen von Horta: Früher legten hier Handelsschiffe und Walfänger an, heute sind es Atlantiksegler.

Schritt 2: Was unsere Luft in Bewegung bringt

In Schritt 1 (siehe Info-Box Seiten 14–15) haben wir gesehen, dass den Äquator die meiste Sonnenenergie trifft, die Luft wird hier also am stärksten erwärmt.

Wenn das Gasgemisch Luft erwärmt wird, dehnt es sich aus. Damit nimmt die Dichte ab und die Luft wird leichter. Ergebnis: Warme Luft steigt auf! Genau das passiert am Äquator großräumig, und so entstehen dort oft dicke Quellwolken, die Schauer und heftige Gewitter bringen. Diese Gewitterzone, die sich mit den Jahreszeiten immer etwas verlagert, nennt man Innertropische Konvergenzzone (ITCZ). Jetzt muss die Frage geklärt werden, wie weit die Luft denn aufsteigen kann, und da kommt die sogenannte Tropopause ins Spiel – sie ist die unsichtbare Grenze für aufsteigende Luft und wirkt wie eine Art Deckel. Am Äquator befindet sie sich in rund 18 km Höhe, in unseren Breiten in 12 km und am Pol in etwa 9 km. Darüber befindet sich die Stratosphäre, darunter die Troposphäre, in der sich unser Wettergeschehen abspielt. Denn in dieser untersten Schicht steht der Atmosphäre der meiste Wasserdampf zur Wolken- und Regenbildung zur Verfügung. Erreicht ein Aufwind die Tropopause, dann muss er nach rechts oder links ausweichen. Bei Gewitterwolken kann man das schön sehen, denn sie bilden im oberen Teil ein flaches Ende, das aussieht wie ein Amboss. Genau dieses Ausweichen findet auch am Äquator, also in der Innertropischen Konvergenzzone statt, und so weicht die Luft in der Höhe nach Norden und Süden aus. Die vom Boden aufgestiegene Luft muss natürlich durch „neue" Luft ersetzt werden und deshalb strömt am Boden Luft von Norden und Süden gen ITCZ.

Um im weiteren Verlauf des Buches jetzt nicht durch eine Vielzahl an Richtungen völlig durcheinanderzukommen, betrachten wir ab jetzt immer die Nordhalbkugel, auf der wir leben: In der Höhe strömt die Luft also nach Norden weg von der ITCZ und am Boden strömt sie nach Süden hin zur ITCZ.

Springen wir jetzt zum Nordpol. Hier ist die Luft kalt und schwer und sinkt darum großräumig ab. Trifft sie auf den Boden, so kann sie natürlich

Gewitterwolke mit Amboss (Cumulonimbus capillatus incus).

nicht weiter absinken und strömt nach Süden. Merken Sie es? In unserem Kopf entsteht gerade eine geschlossene Zirkulation: Aufsteigende Luft am Äquator, Erreichen der Tropopause, Strömung nach Norden in der Höhe, Absinken über dem Nordpol und Einsetzen der Strömung am Boden nach Süden – wieder bis zum Äquator und alles geht von Neuem los. Einfach und … falsch! Denn so hätten wir ja auf der Nordhalbkugel am Boden im Mittel immer Nordwind und das ist ja erfreulicherweise gar nicht der Fall. Der Grund für den Denkfehler liegt an dieser Stelle: Unsere Erde dreht sich. Deshalb kommt jetzt die sogenannte Corioliskraft ins Spiel. Sie macht auf den ersten Blick zwar alles komplizierter, aber mit wenigen Gedanken erklärt sie uns, warum es zum Beispiel das Azorenhoch geben muss! Mehr dazu erfahren Sie in der Infobox Schritt 3 (S. 44–47).

Wer's noch ein bisschen genauer wissen will:

Warum wirkt die Tropopause für die aufsteigende Luft wie ein Deckel? Die Temperaturen nehmen hier, im Gegensatz zur Troposphäre, mit der Höhe nicht mehr ab, sondern bleiben konstant. Man spricht von einer Isothermie. Untersucht man in der Meteorologie Vertikalbewegungen, stellt sich immer die Frage, ob ein aufsteigendes Luftpaket gegenüber der Umgebung kälter oder wärmer ist. Ist es wärmer und damit leichter als die Umgebung, so steigt es weiter auf; ist es kälter und schwerer, sinkt es wieder ab. Und nun ist es ganz einfach: Da sich ein aufsteigendes Luftpaket immer mit rund einem Grad pro 100 Meter abkühlen muss – es kann nicht anders – und die Temperatur der Umgebung in der Tropopause mit der Höhe ja unverändert ist, wird die aufsteigende Luft dort IMMER kälter und damit schwerer sein als die Umgebung. Die Luft kann hier also NIE weiter aufsteigen und damit ist eine Isothermie IMMER ein Deckel für aufwärtsgerichtete Luftbewegungen.

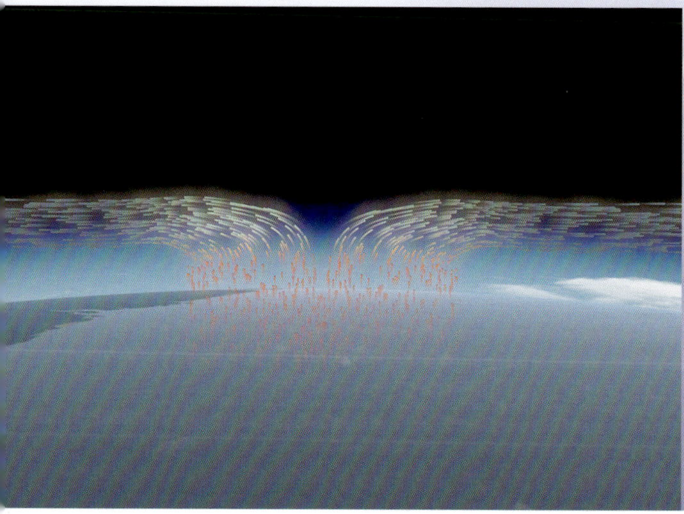

Warmluft dehnt sich aus; sie wird leichter. Sie steigt auf und kühlt sich dabei ab.

Island: Insel aus Feuer und Eis

Keine Frage: Island ist hipp. Björk, ausgefallene Modelabels, innovatives Design, spektakuläre Architektur, eine lebhafte Kneipenszene. Aber: Das ist Reykjavik, die Haupteinflugschneise für Islandbesucher – und damit allererster Islandeindruck. Und wenn man dann noch einen dieser nicht enden wollenden Sommersonnentage erwischt, dann denkt man an vieles, nur nicht an ein wüstes Islandtief mit Regen und Sturm. In der Hauptstadt bekommt man die wilde, ungestüme Seite der Insel erst auf den zweiten Blick mit: Im Hafen stehen eine ganze Reihe Tafeln, auf denen die Zahl der Schiffe aufgelistet ist, die seit 1870 an den isländischen Küsten zerschellt sind: Über 1000 in 150 Jahren – gezählt wurden dabei nur die schweren Pötte über 12 Tonnen. Mit am schlimmsten war der Zeitraum zwischen 1930 und 1938: 128 Schiffe gingen da verloren, darunter die deutschen Fischtrawler „Mars“ (gestandet und gesunken am 6.5.1930), „Harvestehude“ (5.12.1930), „Norbürg“ (17.2.1931), „Tyr“ (26.7.1931), „Alexander Rabe“ (21.12.1932), „Blücher“ (24.1.1933), „Meteor“ (1.2.1933), „Westbank“ (2.2.1933), „Wodan“ (26.2.1934), „Düsseldorf“ (1.3.1935), „Wien“ (4.12.1936) und „Albatros“ (27.12.1936) – die Opferzahlen stehen nicht dabei. Trotzdem: eine Gänsehautliste. Allein zwölf deutsche Schiffe in sieben Jahren – und das ohne jede Kriegseinwirkung in einer Zeit, in der Wettervorhersage und Funktechnik bereits ziemlich weit entwickelt waren.

Reykjavik: Eine lebensfrohe Partystadt mit aufregender Architektur – von der rauen Seite der Insel spürt man hier wenig.

Das sind die beiden Gesichter Islands: Sturmgepeitschtes Meer einerseits, und dann gibt es andererseits wieder Sommer wie den von 2015. Über Wochen extrem trocken, verdorrte Gras- und Moosflächen prägten das Landschaftsbild, staubiges Grau, wo sonst sattes Grün vorherrscht – wer 2015 in Island im Geländewagen off-road unterwegs war, glaubte sich eher auf einem Trip durchs algerische Hoggargebirge als durch das Land, das die Silbe „Eis" im Namen führt …

Ein weiterer Faktor, der die Insel charakterisiert: Island liegt – wie die Azoren – auf einer ständig Unruhe stiftenden Nahtstelle zwischen aneinanderreibenden Kontinentalplatten. Besonders ein-

Ungebändigte Kraft aus dem Erdinneren: Kaum eine Sehenswürdigkeit steht so für Island wie die Geysire – hier der Geysir Strokkur.

Oben links und rechts: Von der „Brücke zwischen den Kontinenten" sieht man besonders gut, was den isländischen Boden so unruhig macht: Man steht direkt über dem mittelatlantischen Rücken mit seinem Grabenbruch, der Island langsam, aber stetig in zwei Teile zerreißt.
Diese Unruhe im Boden ist überall sichtbar, z. B. an den zahlreichen Fumarolen, die über kochend heißen Quellen stehen (unten links).

Wichtig für Islandtouren:
Ein Geländewagen und ein erfahrener Guide.

drücklich zu sehen ist dies unweit des Hauptflughafens Kevlavik, an der „Brücke zwischen den Kontinenten", einem der seltenen Orte, an denen der mittelatlantische Rücken mit seinem Grabenbruch mal nicht unter- sondern oberhalb der Meeresoberfläche verläuft. Auf der einen Seite eines vielleicht fünf Meter tiefen und 20 Meter breiten Grabens steht man auf der eurasischen, auf der anderen Seite auf der amerikanischen Kontinentalplatte. Um beachtliche zwei Zentimeter pro Jahr driften diese beiden Platten auseinander – das heißt: Hier wird Island im wahrsten Sinne des Wortes auseinandergerissen.
Diese gewaltigen Kräfte im Boden Islands sind – zum einen – ein Segen, den jeder Tourist nicht nur sehen, sondern auch riechen kann. Auf den Sightseeing-Touren kommt man immer wieder an futuristischen Erdwärmekraftwerke vorbei, die sich aluminiumsilbern aus schwarzer Lavagesteinsödnis erheben. Ein paar Kilometer weiter stehen plötzlich weiße Dampfsäulen, sogenannte Fumarolen, in der Landschaft; die Geysire sind seit jeher touristische Musts und die Duschen in den Hotels riechen nach Schwefel, weil das ganze Warmwasser eben nicht aus dem Boiler, sondern direkt aus dem heißen Erdinneren kommt.
Die andere Seite der Medaille: Diese geologische Situation sorgt immer wieder für spektakuläre Vulkanausbrüche, die immer auch unser Wetter massiv beeinflusst haben. Und einer dieser Ausbrüche schrieb sogar Weltgeschichte.

Zwei von über 30 aktiven Vulkanen in Island: Der Laki (oben links), zuletzt 1783/84 aktiv, und der Eyjafjallajökull (oben rechts und unten), zuletzt aktiv – Fluggäste werden sich noch erinnern – im Jahr 2010.

Laki – der Vulkan, der einen Pastor unsterblich machte und einen König den Kopf kostete

Um die gewaltige Nervenstärke des Mannes – und auch sein Charisma – nachvollziehen zu können, sollten Sie sich vielleicht erst einmal auf www.youtube.com/watch?v=-QhU8eMR4IQ kurz vergegenwärtigen, was Lava mit den Dingen macht, die sich ihr in den Weg stellen. In dem Video hat jemand eine Dose mit einem Energydrink einen Meter vor den träge nahenden Lavafluss des Kilauea auf Hawaii gelegt und gefilmt, was dann passiert. In dem Moment, in dem der rot glühende Strom die Dose erreicht, beginnt sie sich auszubeulen, wenige Sekunden später explodiert sie und ihr Inhalt verdampft in einem Sekundenbruchteil – nicht viel anders erginge es Bäumen oder Häusern. Oder Menschen.

Wenn so ein Lavastrom auf Ihr Haus zufließen würde, dann wäre es doch eine ebenso vernünftige wie nachvollziehbare Entscheidung, das Nötigste zusammenzupacken und schleunigst in die entgegengesetzte Richtung zu fliehen – oder?

Nicht so für Jón Steingrímsson. Der Pfarrer der 100-Seelengemeinde Kirkjubæjarklaustur im Südosten Islands überzeugte seine Gemeinde davon, dass es eine bessere Strategie gäbe als davonzulaufen – und weil er damit sensationellen Erfolg hatte, ist er bis heute eine isländische Legende.

Doch von Anfang an. Es ist Pfingstsonntag, 8. Juni 1783, 9 Uhr. Vermutlich ist Pastor Steingrimsson gerade mit der Vorbereitung des Pfingstgottesdiensts beschäftigt, als es passiert. Unter gewaltigem Getöse schießt eine Aschensäule 1000 Meter nach oben und verdunkelt innerhalb von wenigen Minuten den Himmel: Der Laki ist ausgebrochen, ein System von rund 140 Vulkanen, die, wie auf einer Perlenschnur aufgereiht, die „Laki-Spalte" bilden – gerade mal 35 km Luftlinie von Kirkjubæjarklaustur entfernt.

Steingrímsson, 55, naturwissenschaftlich hochinteressiert, wird von diesem Tag an ein gewissenhafter Beobachter des Vulkans werden und jede Entwicklung sorgfältig notieren. Wissenschaftler bescheinigen diesen Aufzeichnungen bis heute, dass sie ungewöhnlich präzise und damit von größtem Wert sind – einer der wichtigsten Mosaiksteine bei der Bewertung eines Vulkanausbruchs, der unsere Welt veränderte wie keiner nach und kaum einer vor ihm.

Denn: Ganz Europa und Nordamerika wird es zu spüren bekommen, was sich in diesen acht Monaten zwischen Juni 1783 und Februar 1784 in Island ereignet. Am Ende wird der Laki aus seinen vielen Kratern rund 15 Mrd. Kubikmeter Lava, 120 Mio. Tonnen Schwefeldioxid und 8 Mio. Tonnen des hochgiftigen Fluor ausgestoßen haben. In Island wird ungefähr ein Viertel der Einwohner an den Folgen dieser Katastrophe sterben, die

Erinnert an ein Wunder: die kleine Kirche von Kirkjubaejarklaustur.

meisten an Hunger, weil die aggressive Asche riesige Weideflächen bedeckte – fast 80 % des isländischen Viehbestands werden deshalb notgeschlachtet werden.

Die restlichen Tiere irren mit wunden Schnauzen umher, über ihnen ein bleigrauer Himmel, ein dichter Dunst – „Not mit dem Nebel" werden die Isländer diese Monate nennen – liegt über der Landschaft, monatelang sehen die Menschen kein Tageslicht.

Kein Zweifel: Das kann nur ein göttliches Strafgericht für ein sündiges Leben sein, das ist Pfarrer Steingrímsson sofort klar. Und: Gottes Strafen kann man nicht entkommen, man muss sie annehmen, Buße tun, innerlich umkehren. Und das predigt er nun seiner Gemeinde in diesen Tagen der Not unaufhörlich. Zum isländischen Volkshelden wird er aber erst, als sich die Lage noch einmal dramatisch verschlimmert.

Im Juli 1783, einige Wochen nach Beginn des Ausbruchs, steigt Steingrímsson mit ein paar couragierten Dorfbewohnern auf einen nahe gelegenen Berg, um sich einen Überblick zu verschaffen. Was die Beobachter dort sehen, lässt ihnen das Blut in den Adern gefrieren: Von der Ausbruchsstelle her nähert sich ein gigantischer, mehrere Kilo-

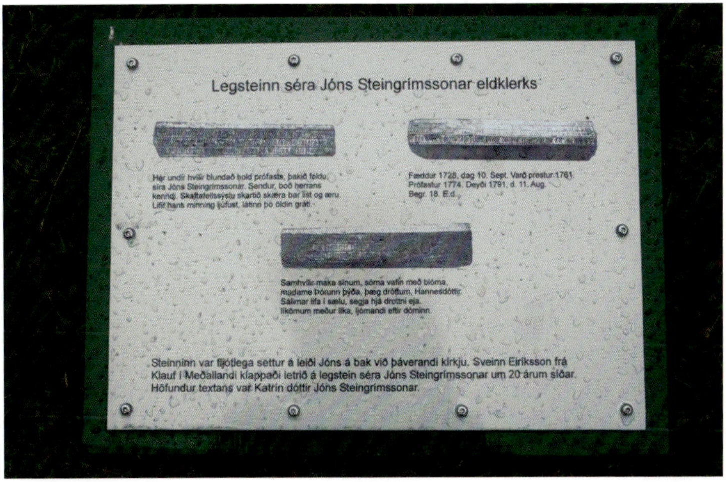

meter breiter Lavastrom dem Dorf – mit erschreckend hoher Fließgeschwindigkeit. Jetzt gibt es eigentlich nur noch eines: Schnell zurück, alle warnen und dann „Rette sich wer kann!" Doch in Steingrímssons Weltverständnis gibt es eben noch diese andere Option: Die Strafe annehmen …

So bittet er in der Stunde der größten Not die Dorfbewohner in die Dorfkirche und beginnt dort – während draußen die Lava unaufhörlich auf das Dorf zuschwappt – einen Gottesdienst, der als „Feuerpredigt" in die Geschichte eingehen wird. Steingrímsson zelebriert eine Messe, in der alle Besucher mit großer Inbrunst beten, singen und sich zu ihren Sünden bekennen – immer und immer wieder. Und nun geschieht das Unglaubliche: Wie von einer unsichtbaren Kraft aufgehalten, stoppt die rotglühende, todbringende Flut an diesem 20. Juli 1783 gerademal zwei Kilometer Luftlinie von der Kirche entfernt – Kirkjubæjarklaustur ist gerettet.

Was für eine Geschichte! Hätte sich unter diesen Gottesdienstbesucher auch nur einer befunden, der in seinem Inneren an der Existenz Gottes zweifelte, er wäre er durch das, was sich dort ereignete, in Sekundenschnelle zum Tiefgläubigen geworden.

Links oben: Der Grundrisse von Steingrímssons Holzkirche kann man noch erahnen.

Rechts oben und unten: Steingrímssons Grabstein.

Links unten: Hier fand die Feuermesse statt.

Lokales Ereignis mit globaler Wirkung: Die Aschewolken des Eyjafjallajökull trieben um die Nordhalbkugel.

Auch heute noch ist „Jón Steingrímsson" ein Name, den jedes isländische Kind in der Schule lernt: Der „Feuerpfarrer", der mit unerschütterlichem Glauben durchhielt anstatt davonzurennen.

Ende gut? Nein. Im Gegenteil. Der Ausbruch des Laki wäre eine zwar schlimme, aber regionale Katastrophengeschichte geblieben, wäre Island nicht eine der beiden zentralen Küchen unseres Wetters. Dort entstehen die Tiefdruckgebiete, die seit Jahrtausenden aus Westen anrollen und uns Wind und Regen bringen. Und mit ihnen eben auch das, was sich dort und unterwegs so alles in der Luft befindet.
Vor allem Flugreisenden dürfte dieser meteorologische Zusammenhang noch in besonders unguter Erinnerung sein. Nach dem Ausbruch des isländischen Eyjafjallajökull 2010 waren weltweit über 100 000 Flüge gestrichen worden, weil die Behörden befürchtet hatten, dass die scharfkantigen Ascheteilchen auf Flugzeughüllen und -triebwerke wie ein überdimensionierter Sandstrahler wirken könnten. Auch die deutsche Kanzlerin bekam damals die Macht dieser Naturgewalt zu spüren. Von einem Amerikabesuch musste Angela Merkel über Portugal nach Italien ausweichen – und ab Rom den Bus nach Berlin nehmen. Die Grundsituation 1783/84 war ähnlich. Auch damals waren die gewaltigen Aschemengen in die Atmosphäre geraten und nach Osten gewandert. Und auch sie hatten dramatische Auswir-

kungen auf unser Wetter. Nur schlimmer. Viel schlimmer.

Der bleigraue Nebel aus Asche, Schwefelsäure und Fluor hatte am 10. Juni – zwei Tage nach dem Ausbruch – das norwegische Bergen, am 17. Juni Berlin, am 18. Paris und am 22. Großbritannien erreicht – eine Zuglinie wie ein Schneckenhaus. Wenn man nun einen kurzen Blick auf die Kommunikationsmöglichkeiten dieser Zeit wirft – wir befinden uns im Jahr 115 vor Erfindung der Funktelegrafie –, dann kann man sich vorstellen, dass die Menschen nicht den Hauch einer Erklärung dafür hatten, was da passierte, als sich von einer Stunde auf die andere die Sonne verfinsterte, sich ein undurchdringlicher Nebel, der Schiffe kollidieren ließ und bei Landarbeitern eine quälende Atemnot hervorrief, über Land und See legte und – was auch erst viel später erkannt wurde – Weideland und Ernte vergiftete. Und das Schlimmste daran: Das war erst der Anfang!

Was dann folgte, klingt wie eine Aufzählung biblischer Plagen. Zunächst der Winter 1783: Er war der kälteste seit Menschengedenken, weil die dicke Ascheschicht jeden wärmenden Sonnenstrahl verschluckte. Über zehn Wochen Dauerfrost, lange Perioden, in denen es täglich schneite, Minustemperaturen, die so tief waren, dass massenhaft Menschen und Tiere erfroren, der Große Belt ebenso zugefroren wie der Hafen von New York – die gesamte nördliche Hemisphäre war im Klammergriff eines eiskalten Winter made by Laki.

Dann das Frühjahr 1784: Als die gewaltigen Schnee- und Eismengen zu tauen begannen, traten die Bäche und Flüsse mit ungekannter Gewalt über die Ufer und rissen links und rechts alles mit. Auf seiner Internetseite www.bernd-nebel.de/bruecken/index.html?/bruecken/4_desaster hat Brückenfan Bernd Nebel fesselnde Details zu dem Katastrophenfrühjahr in unseren Breiten gesammelt, zum Beispiel: Allein zwischen 27. Februar und 1. März meldeten 12 Städte den Totalverlust ihrer Brücken, von Linz über Heidelberg bis nach Weimar zog sich diese Schneise der Zerstörungen.

Und so ging es auch in den Folgemonaten weiter: Der zähe Aschegürtel blieb, es folgte ein „kalter Sommer", in dem die Feldfrüchte kaum reiften. Eine Missernte war die Folge, die erste von einer ganzen Serie, denn die Aschwolke blieb über mehrere Jahre über Mitteleuropa hängen.

Ebenfalls sehr hart erwischte es Frankreich. Als nach vier schlechten Ernten in Folge die Ernte 1788 nochmals schlechter ausfiel, da war jedem aufmerksamen Beobachter klar, dass das Folgejahr eine humanitäre Katastrophe bringen würde – unausweichlich. Man konnte schon im Vorhinein ausrechnen, dass sich die Situation Anfang des kommenden Sommers zuspitzen würde, dann, wenn die Getreidespeicher nach einem langen Winter leer und die Ähren der neuen Ernte noch nicht reif sein würden.

Und so kommt es auch. In den französischen Dörfern und Städten wird im Frühsommer das Getreide

knapp, die Brotpreise steigen rasant, immer mehr Menschen hungern. Und dann dieser Satz der Königin Marie Antoinette, egal ob sie ihn wirklich gesagt hat oder ob ihn ihre Feinde ihr in den Mund gelegt haben: „Wenn sie kein Brot haben, dann sollen sie eben Kuchen essen"… die Situation gerät immer mehr außer Kontrolle, überall im Land kommt es zu Hungerrevolten.

In Paris beginnen hungernde Bürger die Zollstationen an den Stadtmauern zu zerstören – in der Hoffnung, dass dann die Getreidelieferungen aus dem Umland billiger werden würden. Die Waffen für diese Angriffe besorgen sich die Aufständischen aus Überfällen auf Waffenhandlungen oder Munitionsdepots. Und eine dieser Waffenkammern stürmen sie an einem trüben Dienstag – die der Bastille, eines berüchtigten Stadtgefängnisses.

Wir schreiben den 14. Juli 1789…

Um Missverständnisse zu vermeiden: Der Laki-Ausbruch war nicht die Ursache der revolutionären Vorgänge in Frankreich, aber durchaus einer ihrer Beschleuniger. Durch die jahrelangen Missernten war bei den Menschen der Schmerz durch den Hunger einfach größer geworden als die Angst vor den Repressionen einer brutalen Geheimpolizei. Das war der entscheidende Schritt für den Anfang vom Ende des Ancien Régime.

Es gehört zu den tragisch-ironischen Fußnoten der Geschichte, dass Ludwig XVI., den diese Entwicklungen mit seiner Familie aufs Schafott bringen werden, in seinem Tagebuch die Ereignisse des 14. Juli 1789 mit einem einzigen, weltberühmt gewordenen Wort kommentiert: „Rien" – Nichts…

Revolutionärer Geist, vom Hunger getrieben: Der Ausbruch der Französischen Revolution wurde maßgeblich durch eine Reihe schlechter Ernten beschleunigt – eine Folge des Laki-Ausbruchs von 1783.

Schritt 3: Warum unsere Hochs bei den Azoren entstehen

In Schritt 2 (siehe Info-Box Seiten 30–31) haben wir versucht, ein Strömungsmuster zu beschreiben, das den Transport von Wärme vom Äquator zum Pol erklärt. Gescheitert sind wir dabei aber an dem wenig realistischen Ergebnis einer Art Dauernordwind bei uns. Damit wir das Problem lösen können, müssen wir uns jetzt mit der Corioliskraft und ihrer Wirkung auseinandersetzen, bekommen dafür aber quasi als Belohnung „frei Haus" die Erkenntnis mitgeliefert, warum es das Azorenhoch und später auch das Islandtief geben muss!

Um sich die Corioliskraft vorzustellen, denken Sie am besten einmal an die Erde als kleine Kugel, die Sie in einen Eierschneider legen können. Mit ihm zerteilen wir unseren gedachten Miniplaneten nun in viele Scheiben. Ergebnis: Jede Scheibe hat einen anderen Durchmesser; die größte gibt es am Äquator. Je näher Sie zum Pol kommen, desto kleiner werden die Scheiben. Kehren wir mit diesem Gedanken zurück zum Erdmaßstab: Die Äquatorscheibe hat einen Umfang von ziemlich genau 40 000 km, was übrigens daran liegt, dass ein Meter früher als zehnmillionster Teil eines Erdquadranten definiert wurde. Durch Deutschland, ziemlich genau durch Frankfurt am Main, verläuft der 50. Breitengrad, die Scheibe dort hat aber nur noch einen Umfang von 25 712 km.

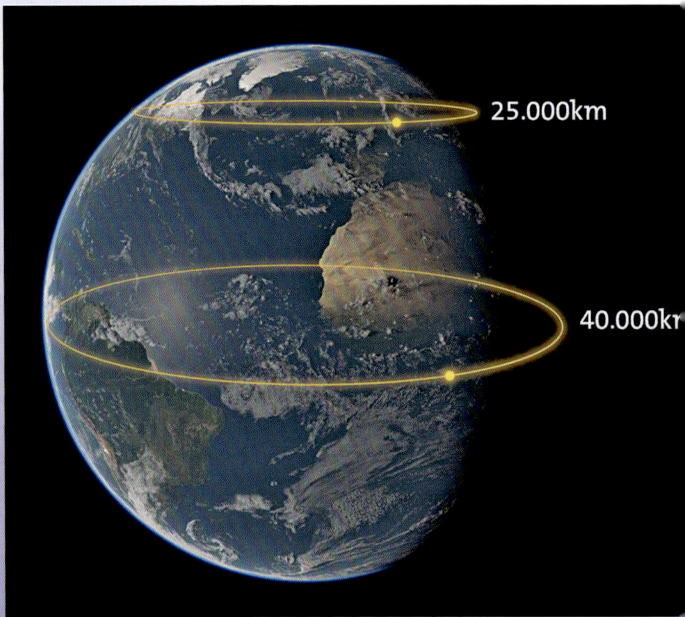

Der Erdumfang ist an jedem Breitengrad unterschiedlich. Bei Frankfurt a. M. beträgt er rund 25 000 Kilometer.

Steht man am Äquator, so legt man am Tag 40 000 Kilometer zurück und hat damit eine Geschwindigkeit von 1667 km/h. Aber keine Sorge, das merkt man nicht, denn diese Strecke legt man ja gemeinsam mit der Erde zurück. Wer nun aber einen Tag auf dem 50. Breitengrad verbringt, hat wegen des geringeren Umfangs dieser Scheibe auch eine geringere Geschwindigkeit, nämlich 1071 km/h. Und an den Polen dreht man sich praktisch um sich selbst – Stillstand also.

Jetzt kommt das Entscheidende: Wenn Sie sich von einer Scheibe zur nächsten bewegen, also den Breitengrad wechseln, so sind Sie gegenüber der neuen Scheibe immer zu schnell oder zu langsam, denn Sie nehmen die Geschwindigkeit Ihrer Ausgangsscheibe mit – deshalb ist die Corioliskraft eine Trägheitskraft. Um die Richtung dieser Ablenkung zu bestimmen, brauchen wir jetzt noch die Drehrichtung der Erde. Von oben auf den Nordpol geschaut, dreht sie sich gegen den Uhrzeigersinn, also von Ost (Morgenland) nach West (Abendland). Wenn Sie also direkt nach Norden vom Äquator zum 50. nördlichen Breitengrad laufen, dann begeben Sie sich von einer größeren zu einer kleineren Scheibe, Sie sind also für die neue Scheibe zu schnell und eilen der Erddrehung voraus – in Ihrer Bewegungsrichtung geschaut nach rechts! Begibt man sich hingegen von einer kleineren zu einer größeren Scheibe, ist man natürlich zu langsam und hinkt hinterher – in Bewegungsrichtung wiederum eine Ablenkung nach rechts! Auch wenn man seine Breitenkreisscheibe nicht verlässt, also bei einer Bewegung nach Ost oder West, lässt sich unter Zuhilfenahme der Zentrifugalkraft eine Ablenkung auf der Nordhalbkugel nach rechts ermitteln, auch wenn sich dieser Effekt streng genommen nicht Corioliskraft nennt. Weil sich nun alle Bewegungen aus solchen nach Nord, Ost, Süd oder West zusammensetzen lassen, gilt auf der Erde immer: *Auf der Nordhalbkugel werden alle Bewegungen nach rechts und auf der Südhalbkugel nach links abgelenkt.*

Wer sich diesen Satz merkt, hat bei meteorologischen Fragen in Quizsendungen meist schon gewonnen.

Kehren wir zurück zur ITCZ und zur aufsteigenden Luft, die in der Höhe nach Norden zu strömen beginnt. Just jetzt greift die Corioliskraft ein und lenkt die Luft nach rechts ab. Immer mehr und mehr und irgendwann strömt die Luft, die eigentlich nach Norden will, etwa entlang des 30. Breitengrades nach Osten und kommt einfach nicht darüber hinaus. Hier sammelt sich folglich immer mehr Luft – nach

Die in der Höhe nach Norden strömende Luft wird durch die Corioliskraft immer weiter nach rechts abgelenkt.

Norden kommt sie nicht, nach oben kann sie nicht, also wird die viele Luft regelrecht runtergedrückt. Ein dynamisches Hochdruckgebiet entsteht. Die absinkende Luft erwärmt sich, und weil warme Luft mehr Wasserdampf aufnehmen kann als kalte, lösen sich eventuelle Wolken in absinkenden Luftmassen auf. Die subtropische Hochdruckzone, in der zum Beispiel auch die Sahara oder eben die Azoren liegen, ist geboren.

Am Boden strömt die am 30. Breitengrad absinkende Luft nun sowohl nach Norden als auch nach Süden auseinander. Betrachten wir den Ast nach Süden, so wird auch dieser durch die Corioliskraft in Bewegungsrichtung nach rechts – also nach Westen – abgelenkt. Weil eine Strömung nach Südwesten ja ein Nordostwind ist, weht in dieser Region der Erde vorwiegend beständiger Nordostwind – der Nordostpassat. Die hier beschriebene geschlossene Zirkulation zwischen ITCZ und Subtropenhoch hat auch einen Namen, sie heißt Hadleyzelle. Aber die Hadleyzelle allein erklärt noch nicht, wie unsere Luft vom Äquator nun überhaupt Richtung Pol vorankommen soll. Näheres dazu erfahren Sie in der Info-Box Schritt 4 (Seiten 56–57).

Wer's noch ein bisschen genauer wissen will:

Die Corioliskraft ist nach ihrem Entdecker, dem französischen Mathematiker und Physiker Gaspard Gustave de Coriolis (1792–1843), benannt und tritt in allen rotierenden Bezugssystemen auf. Sie führt nicht nur zur Hadleyzelle und zum Azorenhoch, sondern auch dazu, dass sich alle

Hochs und Tiefs drehen, was an anderer Stelle noch genauer erklärt wird.
Wie überall, gibt es auch bei der Corioliskraft Überraschungen: Da sich der Unterschied des Scheibenumfangs (Sie erinnern sich an das Zerlegen unseres Planeten in viele Scheiben) am Äquator langsamer verändert als Richtung Pol, ist der Coriolis-Effekt in der Nähe des Äquators am schwächsten. Das führt dazu, dass Hurrikane und Taifune erst nördlich oder südlich des 7. Breitengrades entstehen können – direkt am Äquator kann es gar keine sich drehenden Wettersysteme geben!
Nicht fehlen darf natürlich noch ein Satz zum Badewannenabfluss und dem sich beim Ablassen des Wassers entwickelnden Strudel: Weil Masse und Geschwindigkeit des Wassers für eine messbare Wirkung der Corioliskraft viel zu gering sind, spielt sie hier wider Erwarten gar keine Rolle. Wie herum das Wasser beim Abfließen strömt, hängt nur davon ab, welche Anfangsbewegung man dem Wasser durch das mehr oder weniger elegante Verlassen der Wanne mitgegeben hat.
Zum Schluss: Wenn Sie etwas Spaß an Mathematik haben, dann können Sie den Scheibenumfang für jeden Breitengrad ganz einfach mit dem Taschenrechner bestimmen. Sie müssen einfach nur 40 000 mit dem Cosinus des gesuchten Breitengrades multiplizieren. Hammerfest in Nordnorwegen liegt zum Beispiel auf dem 70. Breitengrad und so beträgt der Scheibenumfang hier nur noch 13 681 km. Am Nord- oder Südpol (90° Breite) kommt dann 0 heraus – hier verschwinden die Scheiben, die Erde ist zu Ende.

Die Hadleyzelle ist entstanden.

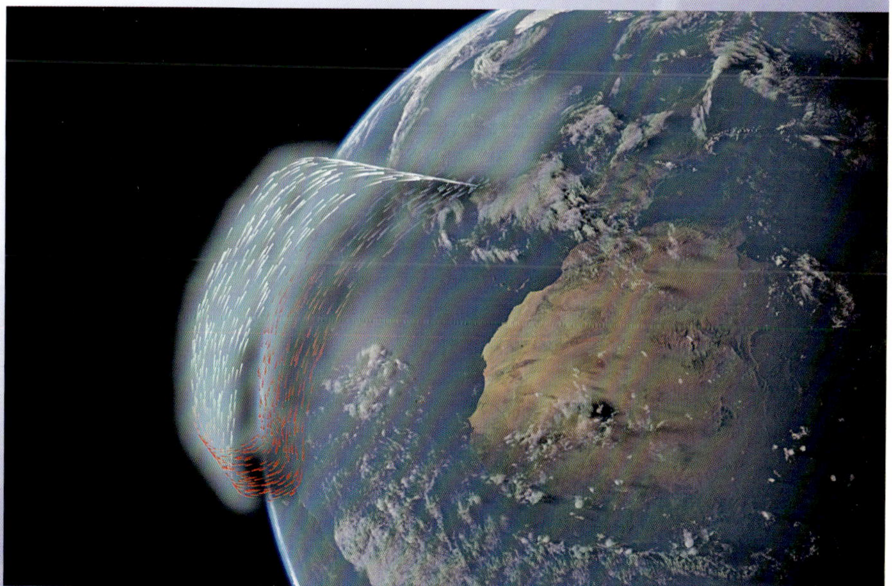

Was Tiefs heute bei uns anrichten können: „Lothar" – schöne Weihnachtsgrüße vom Atlantik

Es gibt nicht viele Ereignisse, bei denen fast jeder die Antwort auf diese Frage weiß: „Was machten Sie gerade, als ...?"
Bei den Älteren gehören der Kennedy-Mord und die Mondlandung dazu, bei den Jüngeren der Fall der Mauer oder – wenn sie damals in Süddeutschland, Frankreich oder der Schweiz lebten – das Orkantief „Lothar" im Dezember 1999. Zum einen war es der schlimmste Orkan seit Jahrzehnten, zum anderen war es wie ein Fanal: Vier Tage vor der Jahrtausendwende führte uns die Natur vor Augen, was wir mit ihr machen – und vor allem: Was sie mit uns machen kann.
Dabei hatte alles so schön weihnachtlich angefangen. Deutschland, am 20. Dezember 1999: Die letzten Tage haben vor allem dem Südwesten reichlich Schneefälle gebracht. Noch ist nicht entschieden, ob die weiße Pracht bis zum Fest hält ...

Am 23. Dezember ist es dann klar. So meldet zum Beispiel das „Neue Deutschland": „Wetter wenig festlich: Pünktlich zu den Feiertagen verab-

Am zweiten Weihnachtsfeiertag 1999 kam „Lothar": So wie hier im Bästenhardtwald bei Mössingen sah es in vielen Regionen Süddeutschlands, der Schweiz und Frankreichs aus.

In den Gipfellagen des Schwarzwalds und der Vogesen erreichten die „Lothar"-Böen Spitzengeschwindigkeiten von weit über 200 km/h und hatten verheerende Folgen.

schiedet sich das schöne, sonnig-kalte Winterwetter und macht Platz für wenig festliches Schmuddelwetter. Die Weihnachtstage werden regnerisch, sehr mild und stürmisch ausfallen, so der Deutsche Wetterdienst in Offenbach, … verantwortlich dafür ist ein Tiefausläufer, der Deutschland am Heiligabend erreicht."
Ursache für diese pessimistische Prognose: Südwestlich von Irland hatte sich ein Tief aufgebaut, das den Meteorologen, je länger sie es beobachteten, zunehmend Sorgen machte. Denn der Druck fällt tiefer und tiefer, bis er am 25. Dezember gegen 18 Uhr bei 990 Hektopascal angelangt ist. Da sich in Europa ein typisches Tiefdruckgebiet im Rahmen zwischen 990 und 1000 hPa bewegt, ist klar: Dieses Tief kratzt an der Untergrenze, ein ausgewachsener Wintersturm kündigt sich da an. In den kommenden Stunden nimmt das Wettergeschehen jedoch eine Entwicklung, die man in den letzten 30 Jahren davor so nicht mehr beobachtet hatte: Der Luftdruck fällt rasend schnell weiter auf 960 Hektopascal ab. Die Folge dieser Dynamik ist eine rasante Zunahme der Windgeschwindigkeit auf Orkanstärke: „Lothar" war entstanden.

26. Dezember 1999:
Um 7:31 Uhr gibt Gaudenz Truog, der verantwortliche Schichtleiter von MeteoZürich, Radio DRS 1 ein Live-Interview. In seinen Aufzeichnungen steht: „Weise darauf hin, dass ich noch nie eine solche Tiefentwicklung so nahe und so stark gesehen habe. Es sei ein besonders heftiger Sturm zu erwarten. Verhaltenshinweise gegeben. Merkwürdig, dass die Moderatorin nicht nachhakt."
Nicht nur diese Moderatorin erkennt den Ernst der Lage nicht: Überall in Frankreich, Deutschland und der Schweiz kann man sich einen Sturm dieses Ausmaßes nicht vorstellen: Warnungen bleiben meist aus – 110 Menschen wird es das Leben kosten.
Gegen 10 Uhr erreichen die ersten Orkanböen die Schweiz, eine Stunde später ist der Sturm in Süddeutschland angekommen. 212 km/h ist –

Das Atomkraftwerk Le Blayais bei Bordeaux: Hier trieb „Lothar" gewaltige Wassermengen in die Anlage – um ein Haar dasselbe Szenario wie in Fukushima 12 Jahre später.

gegen 12 Uhr – die letzte verwertbare Messung der Wetterstation auf dem Feldberg – danach fällt der Strom aus. Die stärkste Böe wird bei Singen gemessen: 272 km/h. Das ist Windstärke 12 – Endstufe! Aber: 12 Beaufort beginnen schon bei 118 km/h – würde man in den Beaufort-Intervallen zwischen 0 und 12 weiterzählen, käme man auf Windstärke 20! Todesopfer, Zerstörung riesiger Waldflächen, Tausende abgedeckter Dächer, eine über Wochen lahmgelegte Stromversorgung in weiten Teilen Frankreichs – die Katastrophe ist gewaltig. Dennoch: Es hätte noch viel schlimmer kommen können!

Erst nach und nach kommt heraus, wie die aufgewühlten Atlantikwellen am 27. Dezember das Areal des Atomkraftwerks Le Blayais – nur 60 Kilometer von Bordeaux entfernt – überrollten. Das Wasser überflutete unterirdisch gelegene Bereiche der Reaktorgebäude von Block 1 und 2. Es wurden auch Teile des Kühlsystems und der Notkühlung sowie weitere Sicherheitseinrichtungen überschwemmt – eine Schilderung, die einem bekannt vorkommt: Zwölfeinhalb Jahre später führt ein ähnliches Szenario in Japan zur Katastrophe, der Kernschmelze. Erst seit Fukushima kann man richtig ermessen, welchem Desaster Mitteleuropa hier vier Tage vor der Jahrtausendwende nur knapp entgangen ist.

Nochmal zurück zur Einstiegsfrage: „Was machten Sie gerade als ‚Lothar' kam?". Auch die Autoren dieses Buches – beide leben im Südwesten – wissen das noch noch sehr genau.

Sven Plöger:

„Wir hatten über Weihnachten 1999 Besuch in dem Schweizer Holzhaus, in dem ich auf 1151 mNN lebte. Nachmittags nahm der Wind rasch zu. Schnell wurde Windstärke 12 (118 km/h) erreicht und dann ging es weiter – 120, 130, 140 km/h. Nun begann das Haus Geräusche zu machen, die es sonst nicht macht und ich war mir sicher, dass da noch mehr kommt. Um sich im Notfall schützen zu können, gingen wir dann in den kleinsten Raum, der meist auch der stabilste ist. Aber: Er ist nicht immer der schönste: Es war das Gäste-WC, in dem wir uns dann zu viert für rund eine Stunde aufhielten. Das war schon sehr skurril: Ein Orkan, vom Gästeklo aus beobachtet – das werde ich drum auch nie vergessen."

Rolf Schlenker:

„Wir lebten damals in einem kleinen Seitental des Schwarzwalds und hatten Besuch von meinen Schwiegereltern. Wir hatten weder Radio gehört,

Birta Lif Kristinsdottir, die Wetterfrau des isländischen Fernsehens, mit Sven Plöger auf einer Kostprobe isländischer Spezialitäten.

noch Fernsehen geschaut und hatten deshalb keine Ahnung, was da auf uns zukam. Durchs Fenster sah ich, wie die Böen die große Blautanne vor unserem Haus hin- und herschüttelte, immer stärker, bis schließlich ihr oberes Drittel waagrecht im Wind lag. Ich war sicher: Gleich müsste sie brechen und ging hinaus, um das Auto zu parken. Und da hörte ich dieses Geräusch, das ich nie wieder vergessen werde: Als ob jemand morsche Stöcke über dem Knie zerbricht, immer schneller, immer mehr… es war das Bersten der Bäume in den Megaböen … hundertfach, tausendfach … so etwas hatte ich noch nie zuvor gehört."

Was Spezialitäten wie „Hákarl" und „Svið" über das isländische Wetter aussagen

Jeder richtige Islandtourist muss da durch: „Hákarl" und „Svið" sind zwei – sagen wir mal – sehr eigenwillige isländische Spezialitäten. Wobei die zweite unseren Essgewohnheiten wenigstens noch einigermaßen nahe kommt – na ja, ein bisschen jedenfalls.

Wenn „Svið" serviert wird, dann glaubt man zunächst seinen Augen nicht zu trauen: Zwischen Stampfkartoffeln und Rübenmus liegt da ein gekochter, schwarzgeflammter Schafskopf auf dem

Zwei gewöhnungsbedürftige Leckerbissen: geflammte Schafköpfe (links) und Hákarl, im Volksmund nur „Gammelhai" genannt (rechts).

Teller– mit allem Drum und Dran: Augen, Zähnen, Zunge …

Nichts für Ästheten, aber die Isländer schätzen ihr „Svið" so sehr, dass man die schwarzen Schafsschädel in jeder gutsortierten Supermarkt-Tiefkühltruhe findet.

Wer vor „Svið" nicht kapituliert hat, ist reif für das nächste gastronomische Level: „Hákarl". Man könnte dieses Gericht elegant „Grönlandhai fermentiert" nennen, der Volksmund sagt aber ziemlich treffend „Gammelhai" dazu. Warum „Gammel"? Nun: Frisch könnte man den Fisch nicht essen, weil Haie in hohem Maße giftigen Harnstoff in ihrem Fleisch speichern. Doch wenn man lange genug wartet, fermentiert das Fleisch und der Stoff wird abgebaut. Deshalb wird das Haifleisch rund sechs Wochen lang im Boden vergraben – nur: Neben der Fermentation hat leider auch der Zersetzungs- bzw. Verwesungsprozess eingesetzt. „Hákarl"-Kenner sagen, dass die Spezialität genauso schmeckt wie die Zubereitungmethode klingt. Einen Versuch, dieses Geschmackserlebnis noch etwas zu präzisieren, möchte ich Ihnen nicht vorenthalten: Es sei – so liest man in „cafebabel.de" – als „esse man die fauligen, schwarzen Zehen eines lang verstorbenen Polarforschers, welche aufgetaut für ein paar Tage in einem Heizer vergessen wurden" – keine Frage: „Drei Sterne" klingt anders. Da hilft es auch wenig, die Bissen mit einem kräftigen Schluck „Brennivin" runterzuspülen, ein Getreideschnaps, den der Volksmund wahrscheinlich nicht ohne Grund „Schwarzer Tod" nennt.

Für den einen oder anderen dürfte jetzt klar sein, warum die Tiefs ausgerechnet hier entstehen: Weil angesichts dieser Speisekarte viele isländische Kinder ihre Tellerchen nicht leer essen. Aber im Ernst: Wie kommt es zu so hanebüchenen Spezialitäten? Warum essen Isländer so etwas freiwillig?

Die atemberaubende Natur Islands: Mitte August liegt ab 500 Meter Meereshohe noch Schnee (linke Seite, oben links), der Laki, 140 Vulkankegel wie an einer Perlenschnur aufgereiht (linke Seite, unten) und Lavafelder, deren Größe man erst so richtig ermessen kann, wenn man selbst mal mittendrin gestanden hat (oben rechts).

Sieht süß aus (oben links), schmeckt den Isländern aber auch ziemlich gut (oben rechts): der Papageientaucher. Drei bis vier Millionen Paare gibt es davon in Island.

Rechte Seite:
Links ein Ei im Süßwasser, rechts im Salzwasser. Sven Plöger erklärt den Fernsehzuschauern, wie unterschiedlich groß der Auftrieb ist – und warum das salzhaltige Wasser in der Grönlandsee auf den Meeresboden sinkt.

Nun: Die Küche einer Region ist immer auch ein Spiegel ihrer klimatischen Verhältnisse. Und die sind in Island ziemlich unwirtlich. Auf manchen Karten ist die Arktis von einer roten Linie umgeben, die auch mitten durch die Insel läuft: die „10 °C-Juli-Isotherme". Sie bedeutet: Nördlich von ihr überschreitet die Durchschnittstemperatur im wärmsten Sommermonat, dem Juli, die 10 °C-Marke nicht. Damit ist Island nicht nur nicht der richtige Ort für Strandurlauber, sondern ebenfalls nicht für Getreide, Obst, Gemüse oder Salate – dafür ist es einfach zu kühl. Der überwiegende Teil Islands ist entweder von Gletschern oder von baumarmer Tundra bedeckt, die landwirtschaftliche Nutzfläche liegt bei mageren 2 % – zum Vergleich: In Deutschland sind es rund 50 %.

Das heißt: Die gastronomische Geschichte Islands ist keine des Überflusses. Lebensmittel wurden hier traditionell bis zum letzten Rest verwertet. Naheliegend, dass man bei der Schlachtung von so etwas kostbarem wie einem Schaf auch den Kopf mitaß. Die Hoden übrigens auch: Der Isländer pflegt sie sauer eingelegt zu verspeisen.

Auch der Gammelhai folgt dieser Logik: Was man irgendwie verwerten kann, wird verwertet. Oder haltbar gemacht! Eine solche Grundhaltung bringt in der Regel eine große Kreativität beim Entwickeln von Konservierungsmethoden mit sich – einen Hai verwesen zu lassen, um ihn genießbar zu machen: Darauf muss man erst einmal kommen.

Und noch ein anderes Gericht bereitet Touristen regelmäßig Pein, in diesem Fall: moralische. „Gegrillter Papageientaucher" heißt eine andere Spezialität der Insel, kleine, lecker gebratene Seevögel. Wer dies serviert bekommt, sollte vorher besser kein Foto von diesem Tier anschaut haben. Denn der Papageientaucher ist ein Vogel wie aus einem Walt-Disney-Film: Knubbelkörper, Watschelfüße, ein zu groß geratener Schnabel – kurz: voll süüüüüß!

Und wer will so etwas schon essen? Antwort: der Isländer!

Dass es mittlerweile auch Basilikum, Rucola, Erdbeeren oder Tomaten aus Island gibt, führt uns wieder zum Anfang des Kapitels zurück, zum Vulkanismus. Island ist führend in der Nutzung von Erdwärme, neben Heizkraftwerken werden auch mehr und mehr Gewächshäuser mit dem heißen Wasser aus Islands Boden betrieben.

Jack Wolfskin

Schritt 4: Warum so viele Tiefs „Islandtiefs" sind

Schritt 3 (Info-Box Seiten 44–47) endete damit, dass die warme Luft, die in der Höhe vom Äquator zum Pol fließen will, dort nie ankommt, weil sie durch die Corioliskraft quasi gestoppt wird. Was passiert nun?
Greifen wir dazu noch mal die Erkenntnis aus Schritt 2 (Info-Box Seiten 30–31) auf, dass kalte Luft über dem Pol absinkt und beim Auftreffen auf den Boden nach Süden strömt. Betrachten wir nun auch den absinkenden Ast der Hadleyzelle, wo sich ein Teil der Luft am Boden auf den Weg nach Norden macht und damit die Tropenzelle verlässt. Spannend wird es etwa am 60. Breitengrad, denn ungefähr hier treffen die beiden Luftmassen – die eine unterwegs nach Süden, die andere unterwegs nach Norden – aufeinander. Eine Konvergenz entsteht, die Luft kann nicht nach unten, weil dort der Boden ist, also geht es nach oben. Aufsteigende Luft kühlt sich aber ab, und das bildet Wolken und Regen. Die subpolare Tiefdruckrinne findet deshalb hier ihren Ursprung und zu ihr gehört eben das für uns so wichtige Islandtief, denn Island liegt etwa auf dem 60. Breitengrad. Aus diesem Zusammenstoß der Luftmassen entstehen nun neben der Hadleyzelle zwei weitere Zellen: die polare Zelle, die in gleicher Drehrichtung wie die Hadleyzelle zirkuliert, und die

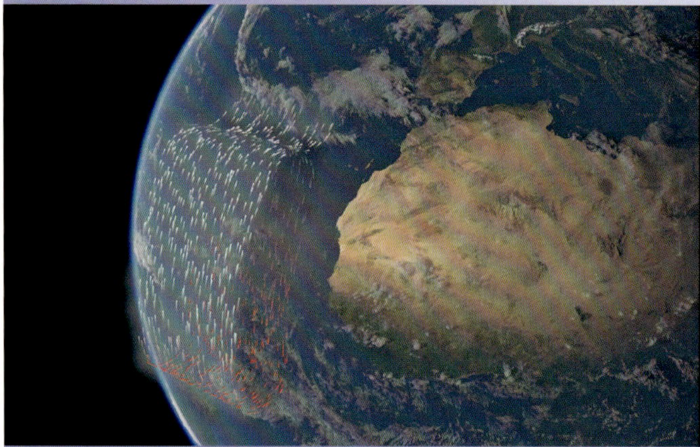

Ein Teil der Luftmasse verlässt die Hadleyzelle und strömt nach Norden.

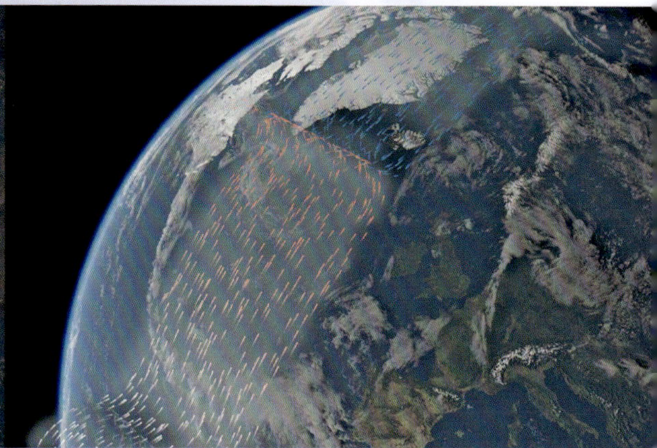

Bei Island treffen die Luftmassen aus Nord und Süd aufeinander – eine Konvergenz entsteht.

Ferrel-Zelle, die aus Kontinuitätsgründen genau anders herum unterwegs ist: Aufsteigende Luft am 60. Breitengrad, Luftströmung in der Höhe nach Süden bis zum 30. Breitengrad, Absinken der Luft und wieder Bewegung nach Norden am Boden. Alles – wie immer – nach rechts abgelenkt durch die Corioliskraft. Diese zwingt die Luft also, ihre Strömung in mehreren solcher Zirkulationszellen zu organisieren, die dann Hochdruckzonen und Tiefdruckrinnen zur Folge haben. Schauen Sie mal von der Seite auf diese Zirkulation, dann sehen Sie es sofort: Wie drei Zahnräder funktioniert unsere Atmosphäre, um den Energietransport zuwege zu bringen. Zwei, nämlich das „polare Zahnrad" und das „Hadley-Zahnrad", drehen sich links herum, und das mittlere, das „Ferrel-Zahnrad", logischerweise rechts herum.

Nur wenn die Erde still stünde, würde es mit einer Zelle klappen – das war unser erster Versuch in Schritt 2. Drehten wir uns schneller als in 24 Stunden einmal um uns selbst, dann würden irgendwann fünf, sieben oder neun solcher Zellen oder eben „Zahnräder" entstehen. Dann wäre ein Tag aber entsetzlich kurz und wir hätten im Alltag gefühlt noch viel mehr Stress als heute!

Das System ist nun schon fast fertig, aber an den Verbindungsstellen zwischen unseren drei Zellen passiert nun noch etwas ganz Entscheidendes: Es entsteht jeweils der sogenannte Jetstream. Er ist Thema von Info-Box Schritt 5.

Die Luft wird zum Aufsteigen gezwungen. Es bilden sich Tiefdruckgebiete mit Wolken und Regen.

Wie Zahnräder greifen die drei Zellen (Hadleyzelle, Ferrelzelle und polare Zelle) ineinander.

WIE MEERE UNSER WETTER MACHEN

Der zweite Teil handelt vom zweiten großen Transportband, das für den Ausgleich von Wärmeenergie sorgt: den Meeren. Sie befördern riesige Energiemengen um den gesamten Erdball, immer von dort, wo es viel gibt, nach dahin, wo es weniger gibt. Für unsere Klimazone sind dabei vor allem zwei Meere wichtig: der Atlantik mit seiner Fernheizung „Golfstrom" und das Mittelmeer, das ebenfalls eine wichtige Brutstätte unseres Wetters ist – nur: leider oft nicht des guten.

Genua: Geburtsstätte unserer schlimmsten Flutkatastrophen

Oben: Genua ist die Geburtsstätte des gleichnamigen berüchtigten Tiefs, das bei uns oft für verheerende Überschwemmungen sorgt.

Auf den riesigen Leuchtschrifttafeln, die die „Sopraelevata Aldo Moro", die auf Stelzen laufende Stadtautobahn in Genua, überspannen, sind nicht nur Geschwindigkeitsbeschränkungen, Verkehrshinweise oder Baustellenwarnungen zu lesen, bei der Recherchereise zu diesem Buch stand da an einem wechselhaften Septembertag: „Fino a domani possibili temporali" – also: Bis morgen sind Gewitter möglich … Aha! … Und am Tag darauf würden die Genueser wohl vor möglichem Sonnenbrand gewarnt. Oder vor Pollenflug von Lolch und Bibernell – gute Güte! … Nachdem ich diesen – zugegeben – boshaften Gedanken wieder aus dem Kopf hatte, wurde ich doch neugierig und fragte nach. Warum warnt man in Genua vor einem Gewitter, das vielleicht ja gar nicht kommen würde? (Anm.: Es kam auch nicht!). Die Antwort: Weil man so eine Katastrophe wie die vom 4. November 2011 nicht noch einmal erleben wollte.

Denn am 4. November war „Rolf" nach Genua gekommen.

„Rolf" war ein Tiefdruckgebiet, das aus Richtung Spanien in den Golf von Genua gezogen war. Dort angekommen, haben solche Tiefs zwei Verhaltensoptionen: Entweder sie ziehen weiter, zum Beispiel über den flacheren Teil der Alpen bei Slowenien. Diese sogenannte „Vb"-Wetterlage

Das andere Gesicht von Genua: Sturmtiefs setzen der ligurischen Metropole immer wieder heftig zu.

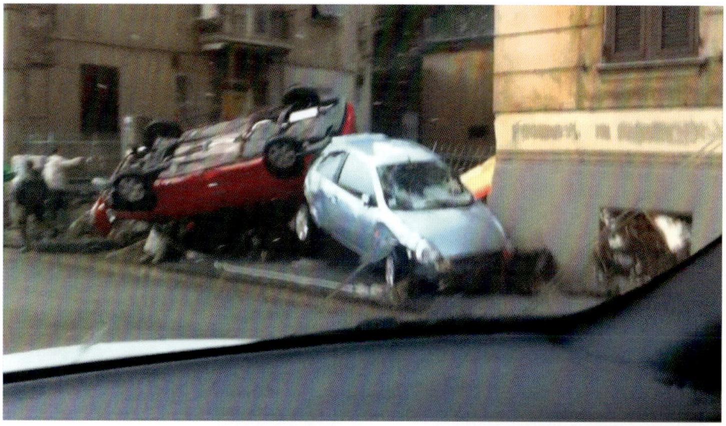

(„V" ist dabei eine römische „5") ist vor allem für die Bewohner des deutschen Alpenrands, von Sachsen, Österreich und Tschechien besonders heimtückisch – darüber später mehr.

Die zweite Möglichkeit: Das Genuatief bleibt über Ligurien hängen. Und weil Anfang November 2011 ein riesiges Russlandhoch das Weiterziehen blockierte, tobte sich „Rolf" über Norditalien und der französischen Mittelmeerküste aus – mit Sturm und sturzbachartigen Wolkenbrüchen, die elf Tote und viele Verletzte forderten. Und einen gigantischen Sachschaden anrichteten.

Da die ligurischen Behörden das verheerende Unwetter unterschätzt und deshalb nicht gewarnt hatten, brach das Unheil völlig überraschend über die Bewohner von Genua und Umgebung herein.

Was an diesem 4. November dort passierte, lässt sich am besten nachvollziehen, wenn man zum Beispiel diese drei von vielen Genua-Unwetter-YouTube-Videos anschaut:

http://www.youtube.com/watch?v=yVGhVQ9RUo0
http://www.youtube.com/watch?v=aaI7qTSZJ_o
http://www.youtube.com/watch?v=rNSDVTn1F0M

Sie zeigen, wie sich zwei normale Straßen plötzlich in Höllen verwandeln, weil von einer Sekunde zur anderen riesige Mengen Regenwasser die Berghänge Genuas herabgeschossen kommen. Zum Beispiel die Via Armando Pica/Ecke Via Giulio Tanini, ein steiles Sträßchen in Halbhöhenlage.

Die kleine Via Armando Pica: Bei Starkregen verwandelt sie sich in einen reißenden Gebirgsbach.

Am 4. November verwandelte es sich in einen reißenden Wasserfall.

Oder die Piazza Galileo Ferraris: Eine ganz normale Hauptverkehrsstraße zwischen schmucklosen Betonklötzen. An jenem Freitag im August 2011 glaubt man seinen Augen nicht zu trauen: Zu Dutzenden werden Autos wie Treibholz weggespült und türmen sich am nächsten Hindernis auf wie ein Biberdamm. Vor einem Haus werden zwei junge Frauen von den Wassermassen eingeschlossen und ertrinken.

Die dritte Station: Via Fereggiano, eine enge Straße, die an einem kleinen, in ein Betonbett eingefassten Bach, dem Fereggiano, entlangläuft. Vor Haus Nr. 201, der Karosseriewerkstätte „Giancarlo", spielt sich eine dramatische Szene ab: Das Video zeigt, dass der Bach innerhalb von Minuten so angeschwollen ist, dass er die Begrenzungsmauer zur Straße wie eine Legowand zur Seite schiebt. Die schmutziggrauen Fluten schießen nun über die Fahrbahn und schwemmen u. a. einen hellen Kombi gegen die Mauer der Werkstatt.

Das machte Sturmtief „Rolf" im November 2011 auf der Piazza Galileo Ferraris im Westen Genuas.

Die Via Fereggiano vor der „Carrozzeria Giancarlo“: Wie Treibholz werden Autos weggespült. Im Bildausschnitt unten sieht man: In einem der Autos sitzt noch ein Mensch – hat er es geschafft, sich vor den Wassermassen zu retten?

In der Nahaufnahme sieht man, wie im Innern des Autos jemand versucht, die Tür aufzustemmen – vergeblich, der Druck der Fluten ist einfach zu groß. Dann bricht das Video ab.

Was ist mit diesem Menschen geschehen? Ist er aus seinem Wagen herausgekommen? Oder ist er einer der Unwetteropfer geworden?

Ich gehe der Geschichte nach. Drei Jahre nach dem Unglück komme ich in die Via Fereggiano und besuche den Besitzer der „Carrozzeria Giancarlo“, Donato Rizzelli. Oh ja, er kann sich noch sehr genau an diesen Tag erinnern und wie das Wasser vor der Einfahrt zu seiner Werkstatt vorbeischoss: „Wie eine Klamm im Hochgebirge“. Und auch an die Szene im Auto erinnert er sich, den Fahrer kennt er gut: „Das war Stefano, der Besitzer eines Schuhladens weiter unten in der Straße“ – mit einem Seil versucht die ganze Werkstattbesatzung, die Tür des Kombis aufzuziehen. Endlich schaffen sie es und ziehen den völlig erschöpften Mann ins Haus.

Donato Rizzelli bietet an, den Mann anzurufen, zehn Minuten später steht Stefano Oberti im Büro der Werkstatt. Er wird heute noch bleich, wenn er sich an diesen Moment erinnert: „Ich dachte, jetzt ist es vorbei.“ Er war auf dem Weg in sein Schuhgeschäft gewesen, als ihn die Wassermassen stoppten. Als sich die Lage wieder etwas beruhigt hatte, eilte er sofort nach unten zu seinem Laden – nicht ein einziger Schuh war mehr da. Die Fluten hatten Tür und Fenster des Geschäfts eingedrückt und alles fortgespült …

Auch das ist Genua. Das andere Gesicht einer Stadt, die auf Fotos so aussieht, als würden hier ewig Zitronen blühen und die Menschen pausenlos in sonnigen Straßencafés sitzen.

Ein Lehrstück, wie sich in Genua „Wetter“ scheinbar aus dem Nichts heraus in „Unwetter“ verwandeln kann, ist auch die „London Valour“-Katastrophe. Die „London Valour“ war ein 180 Meter langer britischer Frachter mit 56 Mann Besatzung.

Die „Carrozzeria Giancarlo“ vier Jahre nach dem Unwetter. Wir wollen von Besitzer Donato Rizzelli wissen, was aus dem Fahrer geworden ist.

Am 2. April 1970 verlässt er mit 24 000 Tonnen Eisenerz den sowjetischen Schwarzmeerhafen von Novorossiysk, 5 Tage später erreicht er Genua, wo der Kapitän gebeten wird – weil gerade keine Entladestation frei ist – vor der langgestreckten Mole zu ankern, die Genuas Hafen vor grobem Seegang schützt. Zwei Tage, so wird dem Mann gesagt, könne es schon dauern, bis die „London Valour“ ins Hafeninnere gerufen würde.

Was nun geschieht, ist eine Verkettung von Versäumnissen und unglücklichen Ereignissen, die sich zu einer der größten Schiffskatastrophen im Golf von Genua entwickeln wird. Die Glieder der Katastrophenkette im Einzelnen:

- Der Kapitän will die Zeit bis zur Entladung nützen, um die Schiffsmotoren zu überholen. Dazu lässt er die Turbinen herunterfahren und stilllegen, versäumt es aber, diese Entscheidung dem wachhabenden Offizier mitzuteilen;
- Weil auf dem Meeresboden vor der Mole viel grober Bauschutt liegt, gräbt sich der Anker nicht ein, er wird von einem großen Brocken umgedreht, seine Flunken schauen nach oben – bei ruhigem Wetter hält noch das Gewicht der Ankerkette das Schiff, problematisch wird das erst, wenn Zug auf den Anker kommt;
- Der Funker lässt sich von dem ruhigen Frühlingswetter täuschen, verlässt seinen Posten und bekommt so eine Sturmwarnung des maltesischen Wetterdienstes nicht mit;
- Dummerweise versäumt es auch der wachhabende Offizier, das Barometer ständig im Auge zu behalten. So entgeht ihm, dass nach zwei ruhigen Tagen der Luftdruck am 9. April gegen 12 Uhr dramatisch zu fallen beginnt – ein untrügliches Zeichen für ein schnell heranziehendes schweres Unwetter.

Und so beginnt gegen 13:30 eine Katastrophe, die die Ausmaße einer antiken Tragödie annehmen wird. Innerhalb kurzer Zeit nimmt der Wind stark zu und erreicht Sturmstärke, acht Beaufort, etwa 100 km/h. Durch die Schubkraft des Winds bauen sich sechs bis sieben Meter hohe Wellenberge auf, die das Schiff Richtung Mole drücken, vor der riesige Steinblöcke aufgeworfen sind, die der Brandung die erste Wucht nehmen sollen.

Als der Sturm beginnt, zieht sich der wachhabende Offizier in seine Kajüte zurück – einen Sturm vor Anker abzuwettern ist Routine. Doch irgendwann schaut er durch das Bullauge und zuckt zusammen: Die Mole ist merkwürdig nah. Sofort erkennt er, dass der Anker wohl rutscht und die „London Valour" in wenigen Minuten auf die scharfkantigen Steine knallen wird.

Sofort schlägt er Alarm und gibt den Befehl zum Starten der Motoren, um aus eigener Kraft von der Mole wegzufahren. Doch jetzt kommt das nächste Glied in der Katastrophenkette zum Tragen: Die Motoren zu starten geht ja nicht, weil sie gerade von einem Reparaturteam auseinandergenommen werden …

Und so wird das riesige, manövrierunfähige Schiff von einem Brecher nach dem anderen überrollt und mit unvorstellbarer Wucht gegen die Hafenmole geworfen; die „London Valour" wird seitlich aufgeschlitzt, Öl läuft in großen Mengen in die aufgepeitschte See. Feuerwehrleute schaffen es, eine Rettungsleine zwischen Frachter und Mole zu legen und beginnen, Crewmitglieder an Land zu winschen. Drei Männer haben sie so schon in Sicherheit gebracht, da überredet der Kapitän seine Frau, die er auf die Reise mitgenommen hatte, sich als vierte an die Rettungsleine zu hängen. Die Feuerwehrleute haben sie noch nicht ganz auf der Mole, da reißt die Leine, die Frau stürzt ins Wasser, wo die wilden Wellen sie immer wieder zwischen die Felsen schleudern. Als der Kapitän sieht, dass er seine Frau in den Tod geschickt hat, stürzt er sich verzweifelt hinterher – seine Leiche wird nie gefunden werden.

Schiffskatastrophe direkt vor der Hafenmole Genuas: Im April 1970 sinkt nach einem Sturm die „London Valour".

Hochs, Tiefs, Fronten und Isobaren: Unsere Wetterkarte

Sieht man eine Wetterkarte, so fallen als Erstes sicher die Hoch- und Tiefdruckgebiete ins Auge. Dann ein paar lustige Linien mit Zacken und Bommeln, die Fronten. Und noch das Wort Iso… – nach kurzem Nachdenken – Isobaren. Das sind die Linien gleichen Luftdrucks, von denen es meist ziemlich viele gibt. Dieses Kapitel soll für etwas Aufklärung sorgen und nicht nur dem Segler die wichtige Frage beantworten, woher denn nun der Wind weht.

In dem wunderbaren Film „Die Feuerzangenbowle" mit Heinz Rühmann ist eine der sicherlich schönsten Szenen der Satz „Watt iss'n Dampfmaschin – da stelle mer uns mal janz dumm …" Diese Strategie wenden wir nun auf Hochs und Tiefs an und die Lösung ist: Ein Hoch ist ein Luftberg und ein Tief ein Lufttal. Ein Hoch besteht also aus viel Luft, es wiegt daher viel und so ist der auf den Boden ausgeübte Druck hoch. Ein Tief besteht aus we-

nig Luft, wiegt wenig und der Druck ist gering. Fertig! Denken wir uns nun einen geraden Weg von einem Berg in ein Tal und legen auf diesen Weg eine Kugel, dann wissen wir ganz von selbst, wo sie hinrollen wird: ins Tal natürlich. So will es die Luft auch und strömt somit vom Hoch ins Tief. Aber just in dem Moment ist unser Kompliziertmacher Corioliskraft (siehe Info-Box Seiten 46–47) wieder da. Die Luft wird – auf der Nordhalbkugel, die wir hier wegen der Übersichtlichkeit ausschließlich betrachten – nach rechts abgelenkt. Folge: Das Hoch wird im Uhrzeigersinn umkreist und liegt mit seinem Zentrum – in Bewegungsrichtung geschaut – immer rechts. In der Berg-und-Tal-Analogie: Wenn wir einen Gipfel verlassen und ein bisschen ins Tal laufen und dann rechts abbiegen, so wird der Gipfel immer rechts von uns liegen und das Tal immer links, auch wenn wir stundenlang um den Berg herumlaufen! Zurück zur Luft: Wenn das Hoch einfach immer nur umkreist wird, kann die Luft jedoch nie im Tief (oder wir eben nie im Tal) ankommen und damit würden einmal entstandene Hochs und Tiefs ewig leben – und jeder Meteorologe würde rasch an seinem Job verzweifeln. Hier spielt nun die Reibung an der Erdoberfläche eine wichtige Rolle und sorgt ihrerseits für eine leichte Richtungsablenkung von etwa 30 Grad zum Tief hin (in Bewegungsrichtung also immer nach links) – in der Meteorologie heißt das schwer lesbare Wort dafür „ageostrophische Windkomponente“. Die aufs Tief zusteuernde Luft wird also nach rechts abgelenkt, nähert sich aber dem Tiefkern mehr und mehr. Eine Drehung entgegen dem Uhrzeigersinn ist die Folge. Die Zusammenfassung dieser Bewegungen spiegelt sich im Barischen Windgesetz wider und das kann man sogar im Hausgebrauch nutzen. Wenn wir in unverbauter Landschaft mit dem Rücken zum Wind stehen und die Arme ausbreiten und uns dann etwa 30 Grad nach rechts drehen, so ist der Tiefkern dort, wo die linke Hand hinzeigt, und das Hoch dort, wo die rechte Hand hinzeigt. Das gilt überall auf der Nordhalbkugel. Für die Südhalbkugel darf sich nun jeder selbst überlegen, was herauskommt oder einfach eine kleine Australienreise unternehmen, um es praktisch zu ermitteln. Weil man auf einer platten Wetterkarte so schlecht Berge und Täler malen kann, nutzt man die Isobaren, um die Lage der Hochs und Tiefs darzustellen. Der Luftdruck wird in Hektopascal (hPa) angegeben – der weltweite Durchschnittsluftdruck beträgt etwa 1013 hPa. Das früher oft genutzte Millibar hat übrigens den gleichen Zahlenwert. Dann gibt es noch die Druckeinheit Torr, benannt nach Evangelista Torricelli (1608–1647), die es auf älteren Barometern oft noch gibt. Sie wird in hPa umgerechnet, indem man den Wert mit 4 multipliziert und dann durch 3 dividiert. Noch ein Satz zu den Isobaren: Je dichter sie beisammen liegen, desto größer ist der Luftdruckunterschied an dieser Stelle. Bei der Betrachtung unserer Berglandschaft würde das heißen, dass die Strecke ins Tal dort besonders steil ist, also eine Kugel dort folglich sehr schnell rollen würde. Eine Zone mit dichtgedrängten Isobaren auf der Wetterkarte zeigt also eine Region mit starkem Wind oder Sturm, genauso wie dicht beieinander liegende Höhenlinien auf einer Wanderkarte auf besonders steiles Gelände hinweisen.

Die Fronten stellen die Grenzen zwischen den verschiedenen Luftmassen dar, die die Hochs und Tief fleißig gegeneinander verschieben. An einer Front treffen und vermischen sie sich und so gibt es dort das intensivste Wettergeschehen. Wie beim Wind, so wird auch hier eine Front nach ihrer Herkunft benannt. Kommt warme Luft gegen kalte voran, heißt sie Warmfront, kommt kalte gegen warme Luft voran, spricht man von einer Kaltfront. Da Warmluft leichter als Kaltluft ist, gleitet sie auf die schwerere Kaltluft auf. Schichtwolken, die sich mehr und mehr verdichten und nachfolgend Landregen bringen, sind die Folge. Bei einer Kaltfront mischt die kalte die wärmere Luft regelrecht auf: Dicke Quellwolken, Schauer ,und Gewitter prägen dann das Bild. Die Kaltfront folgt der Warmfront, kommt aber schneller voran als diese. Das liegt daran, dass Letztere für das Aufgleiten mehr Energie benötigt, und so steht weniger davon fürs Vorankommen zur Verfügung. Ergebnis: Die Kaltfront holt die Warmfront irgendwann ein und es ergibt sich eine Misch- oder, fachmännischer, eine Okklusionsfront. Und was bedeuten die Zacken und Bommel? Sie sind frei erfunden, um der Front auf der Wetterkarte ein Gesicht zu geben: Die zackige Optik könnte eher für das ruppige Kaltfrontwetter stehen und die gemütlichen Halbkugeln für den ruhigen Landregen. Ob das stimmt, müsste man ihren Erfinder fragen.

Fronten gehören immer zu den Tiefdruckgebieten, ein Hoch hat keine Frontensysteme. Deshalb erlebt man das landläufig schlechte Wetter meist bei Tiefs. Hier steigt die Luft auf und kühlt sich dabei ab. Entscheidend: Kältere Luft kann viel weniger Wasserdampf aufnehmen als wärmere und deshalb kondensiert er ab einer gewissen Höhe zu kleinen Tröpfchen, eine Wolke entsteht und danach möglicherweise Niederschläge. Im Hoch hingegen sinkt die Luft ab und erwärmt sich, es passt mehr unsichtbarer und gasförmiger Wasserdampf in die Luft. Die Wolke wird überflüssig, löst sich auf und die Sonne scheint. Ein guter Abschluss für einen Info-Kasten …

Auf dem Satellitenbild ist deutlich zu sehen, wie sich Tief „Rolf" über dem Ligurischen Meer dreht – und sich dabei mit Wasser vollsaugt.

Insgesamt 20 Besatzungsmitglieder kamen ums Leben. Die große Zahl an Opfern und die Schicksalhaftigkeit der Verkettung unglücklicher Umstände führten dazu, dass die „London Valour"-Katastrophe nicht nur jahre-, sondern jahrzehntelang Stadtgespräch blieb. Viele Künstler nahmen das Thema auf, zum Beispiel der Genueser Liedermacher Fabrizio de André, ein Mann, der vom Bekanntheitsgrad unter seinen Landsleuten her – verglichen mit Deutschland – in einem Bereich zwischen Hildegard Knef und Herbert Grönemeyer rangiert: „Parlando del Naufragio della London Valour" heißt sein Song.

Zurück zu „Rolf". Wäre das Sturmtief im November 2011 nicht von einer bestimmten Luftdruckkonstellation am Weiterziehen gehindert worden, hätte es zu Verhaltensoption 2 kommen können: Dass es von nachdrängenden Luftmassen über den flacheren Teil der Alpen bei Slowenien Richtung Norden geschoben wird. Was diese Situation so brandgefährlich macht: In den Tagen davor kreist so ein Genuatief tagelang über dem nördlichen Mittelmeer und saugt sich dabei mit Feuchtigkeit voll. Verstärkt wird dieser Effekt noch dadurch, dass dabei auch heiße Wüstenluft aus der Sahara angesogen wird, die auf dem Weg zu dem Tief erst mal einige hundert Kilometer über das Mittelmeer wandern musste und dabei das tut, was auch ein knochentrockener Schwamm tut, wenn er in Kontakt mit Wasser kommt: Er saugt sich voll. Und vom Haareföhnen wissen wir ja: Je heißer die Luft, umso mehr Wasser kann sie aufnehmen – und: Saharaluft ist heiß, sehr heiß. Was da nun über die Alpen gedrückt wird, sind also Wolken, die vor Wasser nur so triefen – eine megatonnenschwere Ladung, die sich beim Gedrücktwerden so verhält, wie so ein nasser Schwamm sich eben verhält, wenn er zusammengedrückt wird.

„Vb"-Wetterlagen heißt diese Konstellation. Sie ist eine der am meisten gefürchteten in Mitteleuropa. Und eine ihrer schlimmsten Vertreterinnen war „Ilse".

„Ilse" war am Sonntag, 10. August 2002 ins Mittelmeer gezogen – ein ungewöhnlicher Weg. Denn normalerweise passiert so ein Tief – von den Britischen Inseln kommend – die französische Küste, zieht nach Deutschland und sorgt für Sommerregen – eine harmlose Sache. Doch in diesen Augusttagen war die Situation anders: Eine Mauer aus Kaltluft versperrt vor Frankreich den normalen Zugweg. Die Folge: Das Tief wird weit nach Süden abgelenkt und kann erst dort wieder seine gewohnte östliche Zugrichtung einnehmen – nur befindet es sich jetzt halt südlich der Alpenkette und wird von dem südlichen Klima stark aufgeheizt. Und da sich das Tief nun über Wasser befindet, saugt es sich entsprechend voll. Auf http://

Links oben: Genua von seiner Sonnenseite: Sven Plöger vor der Kulisse von Boccadasse, einem Fischerdorf mitten in Genua.

Links unten: Die Bestandteile der Spezialität Genuas: Pesto Genovese.

www.wetterzentrale.de/topkarten/fsreaeur.html lässt sich Tag für Tag nachverfolgen, wie sich das Tief dann nach Norden bewegt – Richtung Österreich, Tschechien und Sachsen. Die Wetterdienste ahnen, dass da eine gigantische Wasserbombe auf Mitteleuropa zurollt, und geben am Sonntagmittag eine Unwetterwarnung heraus – gegen 17 Uhr beginnt es dann zu regnen. Und es regnet. Und regnet. Und regnet. Tagelang … Und am schlimmsten im Erzgebirge. In Zinnwald-Georgenfeld wird in den 24 Stunden zwischen 12. 8., 7 Uhr und 13. 8., 7 Uhr der größte Tageswert seit Beginn der routinemäßigen Messungen der Niederschlagshöhe in Deutschland registriert: 312,0 Liter/m^2. Kurzes Gedankenspiel, um die Gewalt von „Ilse" zu verdeutlichen: 312 Liter regnet es also in diesen 24 Stunden auf jeden Quadratmeter. Und jetzt stellen Sie sich einmal diese 312 Liter in 0,7-Liter-Glasnoppen-Normflaschen „Deutscher Brunnen" abgefüllt vor: 446 Flaschen voller Regenwasser würde das ergeben, ein zwölfeinhalb Meter hoher Turm aus 37 Sprudelkisten. Auf jedem einzelnen Quadratmeter. Und auf dem Quadratmeter daneben steht der nächste Turm. Und gleich daneben

Land unter im sächsischen Grimma: Folge eines Genuatiefs, das über Ligurien entstand und später über die Alpen zog.

der übernächste … Auf das 5262 km^2 große Erzgebirge umgerechnet ist das die unfassbare Menge von 1,642 Billionen Liter, die innerhalb eines einzigen Tages aus den bleigrauen Wolken fallen. Was die Situation darüber hinaus noch dramatisch verschärft: Der Sommer ist bis dahin sehr feucht gewesen, die Wald- und Ackerböden des Erzgebirges sind in diesem August 2002 gesättigt und können kaum noch Wasser aufnehmen. Das heißt: Von dem, was da vom Himmel kommt, versickert so gut wie nichts – das Wasser schießt sturzbachartig in die Täler, sammelt sich in den kleinen Bächen und lässt sie innerhalb weniger Minuten zu reißenden Flüssen anschwellen.

Die Weißeritz bei Löbtau: Tief „Ilse" machte aus dem kleinen Flüsschen einen reißenden Strom.

Einer dieser kleinen Bäche ist die Weißeritz. Sie wird in den kommenden Tagen Geschichte schreiben, dunkle Geschichte. Denn die Dresdner hatten ihren Hochwasserschutz ganz auf die Elbe hin ausgerichtet. Und merkten so nicht, dass das Verhängnis diesmal von der anderen Seite kam – von hinten.

Von Anfang an: Die Weißeritz entspringt im Erzgebirge in Freital-Hainsberg und fließt in Richtung Elbe. Schon nach 10 Kilometern erreicht sie die Vororte von Dresden, wo sie geradewegs zur Elbe floss – so war es zumindest bis ins 19. Jahrhundert. Dann beschloss die Stadt Dresden den Bau eines neuen Hauptbahnhofs mitten in der Stadt. Doch dort störte die Weißeritz, die schon damals immer wieder für Hochwasser sorgte. Deshalb wurde sie 1893 ab Bachkilometer 11 umgeleitet: In einem weiten Bogen umgeht ihr künstliches Bett seit damals die Stadt, sie fließt nun drei Kilometer westlich ihrer alten Mündung in die Elbe – eine Umleitung, die sich 109 Jahre später bitter rächen sollte.

12./13 August 2002: Auf ihren ersten Kilometern ist die Weißeritz zu einem reißenden Strom ange-

wachsen, der bei Kilometer 11 so stark ist, dass er die künstlich aufgezwungene Linkskurve ignoriert und sich einfach sein altes Bett wieder sucht. Und so schießen die Wassermassen über die Löbtauer und die Weißeritzer Straße in Richtung Innenstadt. Aber jetzt steht der Hauptbahnhof im Weg. Jeder, der die Aufnahmen gesehen hat, was sich in diesen Stunden im Dresdner Bahnhof ereignete, wird sie nicht wieder vergessen: Durch alle Eingänge gurgelt das Wasser nach innen und verschlingt Treppen, Bahnsteige, Gleise, Läden. Doch das ist nur die erste Welle, der Überraschungsangriff von hinten.

Zwei Tage später kommt die zweite Welle, diesmal von vorn, von der Elbe: Damit kommt das Wasser jetzt von allen Seiten. Auf noch nie erreichte 9,40 Meter steigt der Elbpegel an, rund fünf Meter höher als normal. Überall in der Innenstadt werden in fiebriger Eile Erdgeschosse leergeräumt und Möbel, Maschinen oder Waren in den ersten Stock gebracht – nur um sie wenig später ein weiteres Stockwerk höher schleppen zu müssen.

Trauriger Rekord in Dresden: Auf 9,40 Meter stieg der Elbpegel an, links die Maxstraße, rechts die Laurinstraße.

Auch in Schlottwitz an der Müglitz – 30 km von Dresden entfernt – zeigte sich, welche zerstörerische Wirkung kleine Flüsse haben, wenn ein Genuatief sie innerhalb weniger Stunden anschwellen lässt.

Wie zum Beispiel in der Sempergalerie und im Albertinum. 200 Freiwillige tragen insgesamt 6000 zum Teil unschätzbar wertvolle Gemälde, Stiche und Büsten aus den tiefgelegenen Depots in die oberen Stockwerke. Die Semperoper, der Zwinger und der Landtag schauen wie Steininseln aus einer Wasserlandschaft.

Und das ist nur Dresden. Überall im Umland spielen sich chaotische Szenen ab: Dörfer sind plötzlich durch reißende Flüsse zweigeteilt, in vielen Orten bricht die Strom- und Wasserversorgung zusammen, Straßen sind unpassierbar, Autos werden weggespült, Öltanks werden aus ihren Verankerungen gerissen und platzen, Kläranlagen werden überspült, Häuser stürzen in sich zusammen – eines der erschütterndsten Bilder aus diesen Tagen ist das von der Familie Jäpel in Weesenstein: Es zeigt vier Menschen, die – von tosenden Wassermassen umgeben – in Schlafsäcke gehüllt auf einem Mauerrest kauern. Die Müglitz war am 12. August abends über ihre Ufer getreten: Nun schießt sie mitten durch den Ortskern. In allen umspülten Häusern retten sich die Bewohner in die oberen Stockwerke – auch Familie Jäpel. Doch die rasende Müglitz beginnt nun, in der Nacht, ein Stück nach dem anderen aus ihrem Haus herauszureißen. Machtlos muss die verängstigte Familie zuschauen, wie alles, was sie besitzt, nach und nach fortgespült wird. Dann ist das Dach weg. Dann Wand 1, dann Wand 2, dann Wand 3 … mitten in der Nacht sitzen sie nun – den Tod vor Augen – auf der letzten verbliebenen Grundmauer und rufen in die Nacht hinein um Hilfe. Sie werden bemerkt, doch keiner kann ihnen helfen. Ein Boot über das tobende Hochwasser zu schicken, ist nicht möglich; helfen kann nur der Hubschrauber, aber der kann bei Dunkelheit nicht fliegen. Erst am 13. August morgens hat der Alptraum der Jäpels ein Ende. Als der Hubschrauber als letzten den Vater hochzieht, fällt auch noch die Kassette mit den Sparbüchern in die tobende Müglitz.

„Ilse“ setzt nicht nur Sachsen unter Wasser. Auch in Bayern, Mecklenburg, Niedersachsen, Schleswig-Holstein, Österreich und Tschechien wird Hochwasseralarm gegeben: Mindestens 45 Todesopfer zählt man am Ende in den Überflutungsgebieten – Chaos made in Genua.

Immer häufiger werden wir mit solchen „Vb"-Wetterlagen, dieser ungeliebten Variante des Mittelmeerwetters, rechnen müssen, sagen Wissenschaftler der Uni Freiberg. Und nicht nur im Sommer. So ging zum Beispiel der Einsturz der Eissporthalle von Bad Reichenhall 2006 auf das Konto von „Ann-Kathrin". Dieses Genuatief hatte starke Schneefälle nach Bayern gebracht, am 2. Januar um 15:54 Uhr konnte das Hallendach die Schneelast nicht mehr tragen: Es gab nach und begrub viele Eisläufer unter sich, 15 Tote und 34 Verletzte fordert die Katastrophe.

Einstürzende Sporthallen, fortgespülte Häuser, Schiffskatastrophen, Überflutungen – damit jetzt kein falscher Eindruck entsteht: Genua ist nicht der Geburtsort aller erdenklichen Arten von Unwettern und Naturkatastrophen! Nein, es ist ein wunderschöner Flecken Erde. Und wenn – wie oft – die Sonne scheint, dann kann man es sich überhaupt nicht vorstellen, dass diese grandiose

Genua: Einer der schönsten und am besten erhaltenen Altstadtkerne Europas – und dennoch ein Name, der mit unseren schlimmsten Hochwasserkatastrophen verknüpft ist.

Typisches Hamburger „Schietwetter". Aber genau so wenig wie es hier immer regnet, ist Ligurien der Hort des ewigen Sonnenscheins.

Hafenmetropole mit ihrer unsagbar schönen Altstadt eine so völlig andere Seite hat.

Anderseits ist dies aber – bei genauerem Hinschauen – überhaupt nicht verwunderlich. Das Mittelmeer ist ein Meer, an dessen Nordküste man die Alpengletscher und an dessen Südküste man die Sanddünen der großen Wüsten sehen kann. Eiskalte Polarwinde prallen hier auf saharaheiße Luft aus dem Süden, und das Ganze passiert eingekesselt von gewaltigen Küstengebirgen, deren Fallwinde ein Übriges dazu tun, dass das Mittelmeer alles andere ist als ein Ponyhof.

Aber dieser wilde Mix gehört zu Genua wie das Schietwetter zu Hamburg – die Bewohner beider Städte regt das auch nicht sonderlich auf. Ein schönes Beispiel, das die selbstverständliche, tiefe Verbundenheit der Genueser mit ihrem Klima im Alltag widerspiegelt, ist die Produktpalette der Firma „Ligurperla" in einem Vorort der Stadt. Perla = Perle gibt bereits die richtige Richtung vor: Es geht um Putzhilfen. Genauer: „Ligurperla" stellt Putzmaschinen her. Besonders fasziniert waren wir von dem Modell „Il Salvagoccia per ombrello", wobei die Übersetzung in einem gängigen Online-Übersetzungsportal einem das Gerät noch keinen entscheidenden Schritt näher bringt: „Weinausgießer für den Schirm". Was könnte das bedeuten?

Rechts:
Auch die skurrile Maschine im Foyer des Palazzo San Giorgio hat mit dem Genueser Wetter zu tun: „Ligurperla" verhindert, dass der Besucher mit tropfendem Schirm durch den Palast geht.

Die Maschine entdeckten wir in der Eingangshalle des Palazzo San Giorgio, dem altehrwürdigen Sitz der Hafenverwaltung, der die Stadtplaner die eingangs erwähnte Viadukt-Stadtautobahn direkt vor die Fenster der ersten Etage gesetzt haben. Während sich vor der mit kostbaren Malereien verzierten Fassade hupend Autos im Dauerstau durchdrängeln, herrscht drinnen Ordnung – dank des „Weinausgießers für den Schirm". Denn diese etwa einen halben Meter hohe, schlanke Alumaschine mit zwei Öffnungen oben hat einen klaren Zweck: Hier steckt der Besucher, der aus dem Genueser Regen das Foyer betritt, nach dem Zusammenfalten seinen triefenden Schirm hinein: Hat er einen Stockschirm, steckt er ihn ins linke Loch, ist er aber Besitzer eines Knirps, dann kommt er ins rechte Loch! Durch einen einfachen Spreizmechanismus wird dabei eine längliche Plastiktüte geöffnet, in der das nasse Stück hineingleitet – und nun kann man das historische Gemäuer betreten, ohne den ganzen Boden voll zu tropfen … Nein, das ist keine schwäbische Erfindung! Wirklich „Made in Genova"!

Und warum „Weinausgießer"? Nun, vermutlich ist „Tropfenfänger" gemeint. Aber das zeigt, dass Online-Wörterbücher und Genua zumindest eine Gemeinsamkeit haben: Beide können einen richtig im Regen stehen lassen. Manchmal jedenfalls.

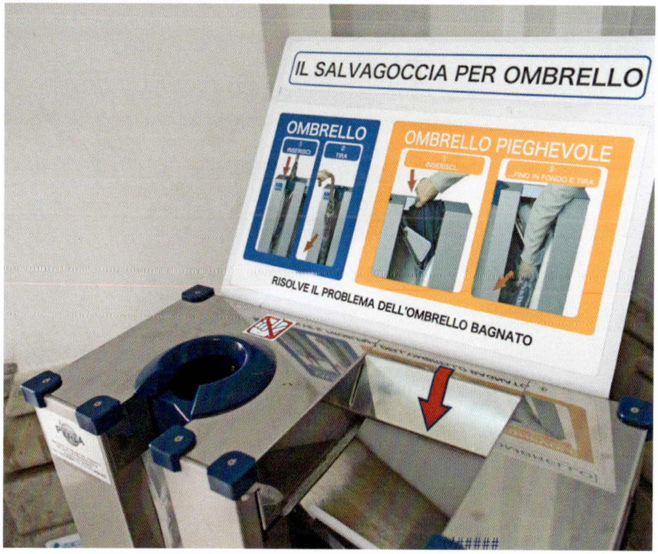
IL SALVAGOCCIA PER OMBRELLO
OMBRELLO
OMBRELLO PIEGHEVOLE
RISOLVE IL PROBLEMA DELL'OMBRELLO BAGNATO

Schritt 5: Wie Hochs und Tiefs zu uns kommen

Wie Zahnräder greifen die drei Zellen, durch die unsere Atmosphäre ihren Energietransport vom Äquator zum Pol organisiert, ineinander – diese Struktur ergab sich am Ende von Schritt 4 (siehe Info-Box Seiten 56–57).

Nun fehlt noch etwas ganz Wichtiges für das Verständnis unseres Wetters: starke Westwinde in der Höhe – die Jetstreams oder, auf Deutsch, die Strahlströme. Der Plural ist wichtig, denn es gibt nicht nur einen, sondern zwei auf der Nordhalbkugel (und zwei auf der Südhalbkugel). Sie wehen jeweils an der Grenze zwischen zwei Zellen – der Subtropenjet zwischen Hadley- und Ferrel-Zelle in etwa 13 km Höhe und der Polarjet an der Grenze zwischen Ferrel- und polarer Zelle in einer Höhe von rund 10 km. Letzterer spielt in unseren Breiten eine große Rolle. In ihm können Spitzengeschwindigkeiten von bis zu 550 km/h gemessen werden, wobei es meistens rund 250 km/h sind, auch viel. Deshalb dauert ein Flug von Europa in die USA auch etwa eine Stunde länger als der Rückflug, denn beim Rückflug versuchen die Piloten natürlich, das Starkwindband auszunutzen, um Zeit und damit Treibstoff zu sparen. Ein Strahlstrom ist ein schmales Windband, und seine Wind-

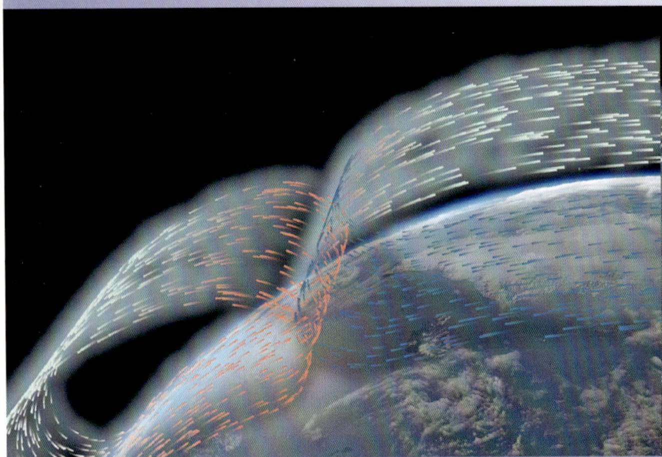

Farrelzelle und polare Zelle treffen bei Island aufeinander.

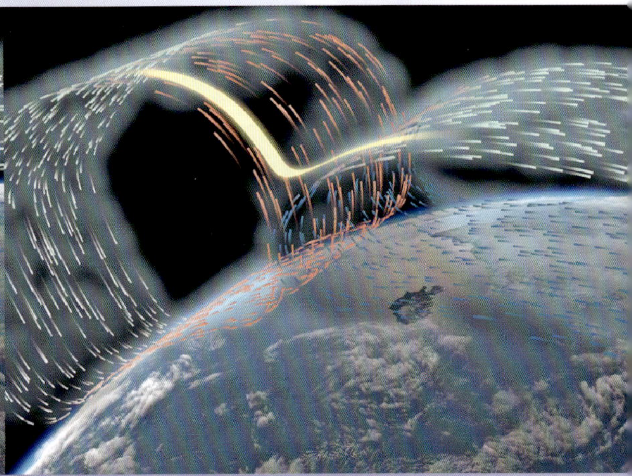

Der sogenannte Tropopausensprung entsteht, weil warme Luft mehr Platz benötigt als kalte.

geschwindigkeit nimmt vertikal und horizontal rasch ab, sodass es große Windstärkenunterschiede auf engem Raum und damit Turbulenzen gibt. Wenn das Flugzeug in völlig klarer Luft im Reiseflug manch mal lustig hüpft (nicht jeder mag das und es kommt zudem immer zielsicher nach dem Austeilen des Essens vor), so befindet man sich oft in der Nähe des Jetstreams. Doch warum gibt es ihn eigentlich und welche Rolle spielt er für unser Wettergeschehen am Boden? Strahlströme sind sogenannte thermische Winde: Sie entstehen ursächlich durch Temperaturunterschiede. Und prompt sind wir wieder beim Anfang bei der warmen Luft am Äquator und der kalten am Pol. Warme Luft ist weniger dicht als kalte, sie braucht somit mehr Platz und reicht darum weiter in die Höhe. Kalte Luft hingegen ist viel dichter gepackt und deshalb nimmt der Luftdruck in ihr mit der Höhe viel schneller ab als in der Warmluft. Das Ergebnis: In der Höhe entsteht ein Luftdruckunterschied zwischen dem niedrigeren Druck am Pol beziehungsweise generell der kalten Luft und dem höheren am Äquator oder eben der Warmluft. Und ein solcher Druckunterschied gefällt der Atmosphäre nicht, sie will ihn ausgleichen, und so setzt die Luftbewegung vom Hoch zum Tief ein. Die Luft strömt los und wird durch die Corioliskraft nach Osten abgelenkt, Jetstreams sind also – wie oben schon erwähnt – West-

Der Jetstream (Starkwindband in einer Höhe von rund 10 Kilometern).

Temperaturdifferenzen und Gebirgszüge führen zur typischen Wellenbildung des Jetstreams.

winde. Auch auf der Südhalbkugel ist das so, denn dort lenkt die Corioliskraft alle Bewegungen ja nach links ab, die kälteste Luft liegt aber im Süden. Doch warum sind Jetstreams lokal so stark? Das liegt an unseren Zellen, der Hadley-, der Ferrel- und der polaren Zelle. In ihnen bewegen sich die „typischen" Luftmassen mit ihren thermischen Eigenschaften. Dort, wo die Zellen mit der unterschiedlichen Luft aufeinandertreffen, gibt es die größten Temperaturdifferenzen und damit den stärksten Wind – und einen regelrechten Sprung in der Tropopausenhöhe.

Jetzt wissen wir, warum der Strahlstrom existieren muss, wie er heißt und wo er sich befindet, aber noch nicht, warum er eine Wellenstruktur bekommt, also nach Norden und Süden mäandriert. Grund dafür sind die Verteilung von Land und Meer und die unterschiedliche Gestalt der Erdoberfläche, mit besonderer Wirkung der Gebirge. Bisher haben wir zur Erklärung des Prinzips ja nur „warmer Äquator" und „kalter Pol" betrachtet. Aber stellen Sie sich jetzt eine Wüste oder ein bewaldetes Gebiet vor, eine große Stadt oder freie Felder, von Flüssen und Seen durchsetzt – all das wird unterschiedlich erwärmt und trägt damit zu unterschiedlichen Druckverhältnissen und somit variierenden Winden bei. Ganz besonders wirken auch längenparallele hohe Gebirge wie die Anden oder die Rocky Mountains. Sie

In den Wellentälern des Jetstreams befinden sich die Tiefs, in den Wellenbergen die Hochs.

Tiefs und Hochs überqueren im Wechsel Mitteleuropa und gestalten unser Wetter wechselhaft.

erzeugen wegen der notwendigen Gleichgewichtsbedingungen beim Überströmen geradezu solche atmosphärischen Wellenmuster. Diese Wellen haben natürlich auch einen Namen, sie heißen Rossby-Wellen, benannt nach dem schwedischen Meteorologen Carl-Gustaf Arvid Rossby (1898–1957). In der Praxis beobachtet man gerade beim Polarjet auf der Nordhalbkugel, dass diese weltumspannende Strömung immer mal wieder Unterbrechungen und Störungen aufweist, was bei der vielfältigen Gestalt der Landschaft – etwa im Vergleich zur Südhalbkugel – wenig verwundet.

Weil beim Erklären von Zusammenhängen auch immer wieder neue Fragen auftauchen, hier noch eine letzte: Was hat der Jetstream in der Höhe denn eigentlich mit unserem Wetter am Boden zu tun? Eine ganze Menge, denn er erzeugt auf dynamische Weise Hochs und Tiefs, die unser Wetter bestimmen. Überall dort, wo die Luft in der Höhe konvergiert, also Luft zusammenströmt und wir die höchsten Windgeschwindigkeiten haben, bedeutet das nichts weiter, als dass hier zu viel Luft zur Verfügung steht. Wie bei der Erklärung des Azorenhochs wird diese nun weg-, das heißt heruntergedrückt und es entsteht am südwestlichen Ende einer Schwingung des Jetstreams nach Norden (diesen Teil der Welle nennt man Rücken) ein dynamisches Bodenhoch. Umgekehrt entsteht im diffluenten Bereich (zu wenig Luft in der Höhe, sie wird hochgesaugt) am nordwestlichen Ende einer Schwingung nach Süden (Trog) ein dynamisches Bodentief. Übersetzt heißt das: Oben wird bestimmt, was unten geschieht. Das kommt den meisten von uns sicher irgendwie bekannt vor …

Mit dem Höhenwind wurde 2010 die Asche des isländischen Vulkans Eyjafjallajökull zu uns transportiert.

Der Golfstrom: Meer mit eingebauter Fernwärme

Gleich zu Beginn eine strohtrockene Begriffserklärung zur sachlichen Richtigstellung – Sorry, aber es muss einfach sein. Das, was wir gemeinhin als „Golfstrom" bezeichnen, trägt seinen Namen zu Unrecht. Der Golfstrom hat seinen Ursprung zwar im Golf von Mexiko und heißt dort drum völlig zu Recht „Golf"strom. Aber sobald die warme Meeresströmung die amerikanische Küste verlässt und sich in unsere Richtung, also in Richtung Europa, bewegt, heißt sie wissenschaftlich korrekt Nordatlantikstrom. Doch wie so oft im Leben: „Golfstrom" klingt einfach cooler als „Nordatlantikstrom"... und so benutzen wir meist den besser klingenden Teil für das Ganze – zumindest in der Umgangssprache. Beide – Golf- und Nordatlantikstrom – sind ihrerseits Teil eines viel größeren Strömungssystems, das sich um den gesamten Erdball zieht. „Ocean Conveyor Belt", also etwa: „Globales Ozeanförderband" heißt es in der Fachsprache und zerfällt in viele kleinere Strömungsabschnitte – alle mit eigenen Namen oder Bezeichnungen.

Um aber die unterschiedlichen Akteure dieses Systems verstehen zu können, muss man sie (auch namentlich) unterscheidbar machen, deshalb werden wir an dieser Stelle preußisch präzise: Wir reden von Kanarenstrom, Nordäquatorialstrom, Golfstrom und Nordatlantikstrom – dies sind die Strömungen, die das Geschehen in unserer Region beeinflussen. Das Gesamtsystem, also das globale Ozeanförderband, das oft auch weltweites mari-

Lebensspendendes Grau: Passatwolken über den Bergen von La Gomera.

times Förderband genannt wird, hat ein gigantisches Ausmaß, das man sich am besten anhand des folgenden kleinen Gedankenexperiments vorstellen kann: Wenn Sie an irgendeinem Punkt dieses gewaltigen Wasserkreislaufs einen signalrot gefärbten Tropfen ins Meer geben würden, wie lange müssten Sie warten, bis dieser Tropfen die Runde gemacht hätte und wieder bei Ihnen vorbeikäme? Antwort: Gut 1000 Jahre müssten Sie an dieser Stelle ausharren bzw.: Die Beobachtung der Wiederkehr müsste stellvertretend einer Ihrer Ur-ur-ur-(es folgen jetzt noch 32 weitere „ur")-Enkel übernehmen. Kurz: Dieses Meeresströmungssystem hat eine Dimension, die mit einem Menschenleben nicht zu erfassen ist.

Um die gigantische Endlosschleife zu verstehen, muss man an irgendeiner Stelle einsteigen und so tun, als sei dies der „Anfang". Ein sehr guter Punkt dafür bietet sich vor der Küste Nordwestafrikas an. Hier kommt einer der Zweige des Stromgeflechts an, der Kanarenstrom. Auf der Reise zwischen Mexiko und Europa ist er – irgendwo zwischen Neufundland und den Britischen Inseln – nach rechts ausgeschert und ist, mittlerweile etwas ausgekühlt, in Nordafrika eingetroffen: Dort würde er nun an der Küste entlang nach Süden fließen – wenn ihn nicht zwei Hindernisse aufhalten würden: der Passat und die Kanarischen Inseln.

Und dort – genauer: auf La Gomera – tun wir jetzt der Einfachheit halber mal so, als würde das globale Förderband hier beginnen.

Station 1: La Gomera

Das Leben ist nicht fair, auch nicht zu den Bauern auf den Kanaren: Hat man auf Lanzarote einen landwirtschaftlichen Betrieb, regnet es nur an 18 Tagen insgesamt 112 mm im Jahr, liegt das Gehöft dagegen auf La Gomera, dann regnet es

Die Bäume im über 1000 Meter hoch gelegenen Bergwald verfügen über eine raffinierte Strategie, um an Wasser zu kommen: Wie ein Rechen durchkämmen lange Flechten an Stämmen und Zweigen die durchziehenden Passatwolken.

Vom Breitengrad her müsste es auf den Kanaren so unwirtlich wie in der Sahara sein – ist es aber nicht, dank Golf- bzw. Kanarenstrom.

Rechte Seite, obere Bildreihe: Fruchtbare Täler zwischen schroffen Felswänden. Diese Szenerie veranlasste in den 70ern viele Hippies, sich auf La Gomera niederzulassen. Ein Relikt aus dieser Zeit: Noch heute wird in Valle Gran Rey der Sonnenuntergang betrommelt – jeden Abend.

Rechte Seite, unten: Südküste von La Gomera.

a) fast doppelt so oft und b) deutlich größere Mengen – und das, obwohl die beiden Inseln so nahe beieinander liegen wie Frankfurt und Hannover. Der Grund für diese Ungerechtigkeit: Die Vulkanberge La Gomeras sind hoch genug, um die feuchte Luft, die ständig von Nordosten heranzieht, aufzuhalten und an den Bergrücken zu stauen. Wenn die Luft weiter will, muss sie aufsteigen. Wenn sie aber aufsteigt, kühlt sie sich zwingend ab und kann damit immer weniger Wasserdampf aufnehmen. Darum ist die Luft irgendwann mit Wasserdampf gesättigt und dieser kondensiert dann zu Wassertröpfchen. Eine Wolke – die berühmte Passatwolke – ist entstanden. Wenn, wie so oft, der Feuchtenachschub nicht abreißt, dann werden die Wolkentröpfchen größer und größer und irgendwann beginnt es zu regnen. Daher gibt es auf Gomera und auch auf den anderen Kanaren, die hohe Berge haben, oft trübes, wolkiges Wetter auf der Nordostseite und sonniges Urlaubswetter – aber mit viel weniger Vegetation – auf der Südwestseite. In Lanzarote dagegen ziehen die Wolken weitgehend „ungemolken" über die deutlich flachere Insel hinweg.

Und wieder nach Gomera: Die Regenfälle machen die Täler der Insel zu milden, blühenden Paradiesen, einer der Gründe, warum in den 70ern und 80ern viele Hippies hierher auswanderten. Vor allem die Ursprünglichkeit der Insel, die noch nicht verbaut war und über keinen Flughafen verfügte, faszinierte viele zivilisationsmüde Aussteiger, darunter zahlreiche aus Deutschland.

Zurück zum Passat: Dieser Wind ist eine feste Größe auf den Kanaren. Er weht ziemlich beständig aus Nordost. Diese Konstanz ist Segen und Fluch zugleich. Ein Fluch, wenn – wie 2012 – ein Brand ausbricht und die Passatböen wie Blasebälge wirken, die die Flammen ständig neu entfachen und vor sich hertreiben, ein Segen, weil er unsere Welt verändert hat: Ohne den Passat

Bunte Häuschen mit viel Grün drumherum: So präsentiert sich die Nordküste La Gomeras bei Agulo.

Weht ein Wind vom Äquator Richtung Pol, wird er von der Corioliskraft nach rechts abgelenkt (s. S. 46–47/ Schritt 3). Weht er aber in der umgekehrten Richtung, erfolgt die Ablenkung nach links. Das ist der Grund, warum die zum Äquator zurückströmende Luft beständig aus Nordosten weht: Der „Passat" ist entstanden.

hätte Kolumbus nicht Amerika entdecken können. Und ohne den Passat würde dem globalen Strömungssystem einer seiner wesentlichen Motoren fehlen.

Aber der Reihe nach.

War es Brandstiftung oder die berühmte unachtsam weggeworfene Zigarettenkippe? Man wird es nie wissen, was an diesem glühend heißen 4. August 2012 oberhalb des Örtchens Imada ein Stück des Nationalparks Garajonay in Brand setzte. Einige Tage lang hatte der Schirokko, ein heißer, oft mit Sand beladener Wüstenwind aus Afrika, geweht und hatte die uralten, mit Flechten behangenen Lorbeerbäume ziemlich ausgetrocknet, sodass sie den schwelenden Flammen nichts entgegenzusetzen hatten.

In der Nacht zum 5. August weitete sich der Brand aus, wurde aber durch den ausnahmsweise gerade aus südlichen Richtungen wehenden Wind in Richtung Norden getrieben – doch dann kam alles ganz anders. Und es ging blitzschnell.

Auf „eGomera.de", einem Portal von deutschen Gomerabewohnern, kann man anhand der Posts aus diesen Tagen die Ereignisse wie in einem

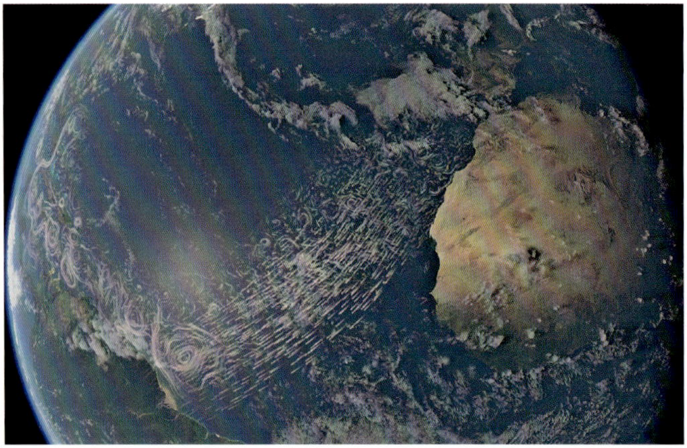

Warum Wale den kanarischen Wind lieben

Das Kanarenwetter hat noch eine andere Konsequenz: Es lockt in Scharen Tiere an, die man hier nicht unbedingt erwarten würde: Wale. 23 von weltweit 86 Walarten fühlen sich hier entweder heimisch oder sie legen auf ihren ausgedehnten Wanderungen gerne mal für ein paar Tage einen Zwischenstopp ein.
„Schuld" daran sind zwei Winde. Zum einen der Passat, der kräftig von Nordosten bläst und auf der windabgewandten Seite der Inseln das Wasser von den Küsten weg hinaus ins Meer bläst. Die Folge: Das weggewehte Wasser muss durch neues ersetzt werden, und das rückt aus tieferen Lagen des Atlantiks nach. Es ist deutlich kühler und deshalb besonders nährstoffreich – und lockt so viel Kleingetier an, das wiederum größeres Getier anlockt. Das ist der Grund, warum sich auf den Leeseiten von Teneriffa oder Gomera viele große Delfin- oder Walgruppen von mehreren Dutzend Tieren aufhalten.
Und noch ein Wind liefert Nahrhaftes: Der „Calima", ein heißer Wüstenwind aus Afrika, trägt gewaltige Mengen Saharasand mit sich in Richtung Kanaren. Was den Autobesitzern, vor allem wenn sie gerade in der Waschanlage waren, stinkt, ist für die Tier- und Pflanzenwelt vor der Küste ein Segen: Denn der Sand reichert das Meerwasser zusätzlich mit Mineralstoffen an.
Und so kann eigentlich jeder, der zum Beispiel auf La Gomera eine „Whale Watching Tour" bucht, davon ausgehen, dass er eine „Sichtung" hat: Große Tümmler, Rauzahndelfine oder Pilotwale – irgendetwas wird sich schon sehen lassen.

Eine von 23 Walarten, die sich vor La Gomera zu Hause fühlen: Indische Grindwale. Der Grund: Hier ist der Strom noch keine Heizung, sondern – aufgrund des aufsteigenden kalten Tiefenwassers – eher ein Kühlaggregat, das die von der nahen Sahara bestimmten Temperaturen herunterdimmt.

August 2012: So sah es in großen Teilen des Valle Gran Rey aus: Ein Feuer war – vom Nordostpassat angetrieben – wie eine Feuerwalze durch das Tal gerollt.

Minutenprotokoll nachvollziehen. Am Freitag, dem 10. August, schrieb „La Rana" um 22:37 Uhr diesen kurzen Satz, der aber für das obere Valle Gran katastrophale Konsequenzen hatte: „Der Wind hat eben gedreht". Jetzt war er wieder da, der gewohnte Nordostpassat und trieb die Flammen nun in die entgegengesetzte Richtung – in Richtung der bewohnten Täler.

Samstag, 11. August 2012, 6:12 Uhr: „Oberes Valle Gran Rey wird evakuiert";

Samstag, 11. August 2012, 8:12 Uhr: „Plötzlich explodiert der Wald ... es bilden sich Luftblasen oder Gasblasen im Feuer, welche aufplatzen, und alles geht in Flammen auf";

Sonntag, 12. August 2012, 23:47 Uhr: „ Die Situation im Valle Gran Rey kompliziert sich gravierend. Das Feuer macht sich auf den Weg ins Tal. Alle Anwohner, die in Gefahr geraten könnten im oberen Tal, sollen sich !RUHIG! auf den Weg in Richtung Hafen begeben und dort weitere Instruktionen abwarten! Noch sind die Flammen weit weg, doch sie könnten plötzlich mit rasender Geschwindigkeit zu Tal marschieren."

Und so kam es dann auch: Nur 12 Minuten brauchte die Feuerwalze, um von ganz oben, also aus etwa 1000 Meter, das steile Tal hinab Richtung Meer zu rollen.

Rund 2000 Touristen und Einwohner mussten Hals über Kopf evakuiert und per Schiff aus dem Tal gebracht werden. Erst im letzten Taldrittel konnten Löschflugzeuge und Feuerwehrleute der Flammen Herr werden.

Am Montag, dem 13. August, 18:38 Uhr, fragt „Ganesh23": „Könnt ihr... sagen, wie es oberhalb von der Bar in La Viscaina aussieht, sprich die steile Treppe nach oben, wo das Haus von Andrea Müller steht?" Die Antwort des Portaladministrators war knapp: „Ich werde bis auf weiteres öffentlich keine Auskunft über Privathäuser geben, ich denke, das ist verständlich!" Aus gutem Grund:

Betroffen war auch Andrea Müller, eine Deutsche, die seit vielen Jahren auf La Gomera lebt. In ihrem Haus verbrannte alles, was sie besaß – von der Geburtsurkunde über Zeugnisse bis hin zu Fotoalben.

Denn diese Talseite war mit am schlimmsten betroffen. Und Andrea Müller, die zum Zeitpunkt des Brands in einer anderen Ecke Gomeras war und wegen der Straßensperren nicht zurück konnte, sollte es nicht aus dem Internet erfahren, dass ihr Haus nur noch eine qualmende Ruine war. Die damals 58-jährige Deutsche lebte seit über 10 Jahren in diesem Haus und alles, Dokumente, Zeugnisse, Verträge, das, was sie an Erinnerungen besaß – Erbstücke von den Eltern, Kinder- oder Urlaubsfotos, Briefe – war verschwunden. „In dieser Situation begriff ich die Tragweite erst so richtig, wenn jemand erzählte, dass er im Krieg nach einem Bombenangriff alles verloren hatte." Eines von 45 Häusern, das komplett abbrannte. Doch im Gegensatz zu den meisten Betroffenen war Andrea Müller feuerversichert. Sie konnte das Haus wieder aufbauen, andere hatten das Geld dazu einfach nicht. Dass die Brandkatastrophe keine Menschenleben forderte, war Riesenglück – allerdings: In den evakuierten Häusern und Bauernhöfen kamen Hunderte von Tieren qualvoll um.

Es ist einer dieser absurden Zufälle, dass sich an diesem 11. August vierzehn – von den restlichen Einwohnern als Spinner belächelte – Gomeros treffen wollten, um eine freiwillige Feuerwehr in Valle Gran Rey zu gründen. Nun: Die Gründungsfeier wurde ein Raub der Flammen und die zehn Männer und vier Frauen hatten – ohne je eine Übung gemacht zu haben – gleich den größten anzunehmenden Ernstfall. „Wir hatten gar nichts, keine Ausrüstung, nichts", erzählt Elias Bello, damals einer dieser Freiwilligen. Die einzige Hilfe war ein uralter Wassertransporter, mit dem sonst die Blumenkübel im Valle Gran Rey bewässert werden – so stemmten sie sich von unten den Flammen entgegen, unterstützt von ihren professionellen Kollegen, die mit Wasserflugzeugen von oben löschten.

„El Silbo" – die Urmutter von „Twitter" & Co

Wer auf La Gomera an einer Grundschule vorbeigeht, kann schon mal glauben, hinter den Mauern sei in Wirklichkeit ein Tropenhaus, doch das, was man im ersten Augenblick für exotisches Vogelgezwitscher hält, ist in Wirklichkeit eine „El Silbo"-Unterrichtseinheit. Seit mehreren Jahren wird die historische Pfeifsprache der Kanaren wieder in der Grundschule gelehrt und heute ist Francesco Correa, der „El Silbo"-Koordinator aller Schulen auf La Gomera, in die 6. Klasse der Schule in Le Retamal gekommen. Angesagt ist eine Klassenarbeit. Die erste Aufgabe: 10 vorgepfiffene Sätze verstehen und ins Spanische übersetzen. Der Lehrer krümmt den linken Mittelfinger, steckt den Knöchel in den linken Mundwinkel und – eine Reihe unterschiedlichster Pfeiftöne entstehen. Die 15 Schüler hören zu, dann fliegen die Stifte: „Buenas Dias a todos" – „Guten Tag an alle". Satz 1 ist noch pillepalle, zum Aufwärmen, aber schon der nächste Satz hat es in sich: „Ergreife den Haarschopf von Luisa und male ihr die rechte Hand an"... darauf muss man erst einmal kommen.

2. Aufgabe: Die Schüler pfeifen einen Satz vor, die anderen müssen übersetzen und die Frage beantworten. Als Luisa an die Reihe kommt, halten sich alle vorsichtshalber die Ohren zu: So laut wie die 11-Jährige pfeift keiner in der Klasse. Aus dem Fenster des Klassenzimmers sieht man den Grund für die Entwicklung von „El Silbo": Fast senkrechte Felswände, die sich bis zu 1000 Meter emportürmen. Wer von dem Bergrücken auf der einen Talseite mit einem Menschen auf dem Bergrücken auf der anderen Talseite kommunizieren wollte, der hätte vor 100 oder 500 Jahren auf der einen Seite 1000 Höhenmeter absteigen, das Tal durchqueren und auf der anderen Seite wieder 1000 Höhenmeter hochklettern müssen – wenn er nicht „El Silbo" gekonnt hätte. So konnte er bleiben und seine Nachricht pfeifen – bis in 10 Kilometer Entfernung wurde seine Nachricht so verstanden. Was den Pfiff so weit reichen lässt: Er liegt in einem Frequenzbereich von bis zu 4000 Hertz – da kommt kein Schreien mit. Deshalb „brüllt" ein Schiedsrichter auch ein Foul nicht, sondern „pfeift" es – und setzt sich selbst gegen eine akustische Wand von mehreren Tausend wütend protestierender Fans durch.

Grundsätzlich ist „El Silbo" natürlich ein Bewahren eines Kulturguts der Vorväter. Auf Gomera allerdings hat die Pfeifsprache eine überraschende Aktualität bekommen. Dank des nicht immer sehr zuverlässigen Handynetzes auf der Insel hört man immer wieder gezwitscherte Posts wie: „Juan, kommst Du um fünf zum Fußball?" – Antwort: „Klar Carlos, Treffpunkt wie immer!". Twitter à la Gomera!

Zwischen diesen beiden Fotos liegen nur 3 Jahre: Sie zeigen, dass Palmen wahre Überlebenskünstler sind. Die verkohlten Stämme schlugen fast ausnahmslos wieder aus.

Heute sieht man nur noch wenige Spuren dieses Brands, am auffälligsten sind die Palmen, die oben frisches Grün und unten einen pechschwarzen Stamm haben. Denn Palmen sind Überlebenskünstler.

Eine andere Folge der Katastrophe: Valle Gran Rey hat heute eine hochgeschätzte Feuerwehr, die „Bomberos Valle Gran Rey" – und Elias Bello ist inzwischen ihr Präsident. 2013 kam dann noch eine Spende der Kollegen von der Berufsfeuerwehr in Münster, ein ausgemusterter, aber voll funktionsfähiger LKW, ausgerüstet mit allem, was ein Firefighter braucht: Schläuche, Atemschutzgeräte, Werkzeug …

Die Casa de Colón im Zentrum von San Sebastian de la Gomera: Aus diesem Brunnen im Innenhof soll Kolumbus' Mannschaft das Wasser für die Fahrt nach Amerika geschöpft haben.

Station 2: Der Südatlantik

Überall auf der Welt nutzt der Mensch geschickt die Kräfte der Natur aus – so ist das auch beim Passat. Eine dieser kreativen Nutzungen hatte weltweite Konsequenzen.

Seefahrer wussten schon seit vielen Jahrhunderten von den beständigen Windverhältnissen vor der Küste Afrikas. Allerdings stieß dieses Wissen lange Zeit nur auf mäßiges Interesse. Weshalb sollte man auch auf die stürmischen, unbekannten Gewässer hinaussegeln? Es gab ja keinen Grund dafür … Der Tag, an dem sich diese phlegmatische Haltung schlagartig änderte, lässt sich präzise ausmachen: Es war der 29. Mai 1453. An diesem Tag eroberten die osmanischen Heere unter Sultan Mehmet II. das bis dahin christliche Konstantinopel. Weit weg? Nur scheinbar! Denn eine der gravierenden Konsequenzen war, dass quasi über Nacht die traditionelle Handelsroute in den Nahen und Fernen Osten unterbrochen war: Konstantinopel, das heutige Istanbul, war das Nadelöhr zu den Häfen, in dem der nicht endende Warenstrom aus China oder Indien von Kamelen auf europäische Schiffe umgeladen wurden. Okay: Seide, Gewürze, Tee – all dies ist jetzt nicht gerade überlebensnotwendig. Aber die verwöhnte Elite Europas traf dieser plötzliche Luxusverzicht hart. Und da sie eben auch über die Finanzen verfügte, war es keine Frage, dass zügig aufwändige Expeditionen ausgerüstet wurden, die Ersatzrouten suchen und finden sollten. Eine dieser zu suchenden Ausweichrouten war der „Seeweg nach Indien“. Während es Seefahrer wie Vasco da Gama „untenrum“, also um die Südspitze Afrikas herum, versuchten, hatte ein gewisser Christoph Kolumbus die kühne Idee, dass es auch ein „Rüber“ gäbe. Er überzeugte den König von Spanien davon, dass man nur lange genug auf dem Atlantik nach Westen segeln müsse, um nach Indien zu kommen. Ein interessanter Seitengedanke dabei: Um dieser

Idee folgen zu können, mussten alle Beteiligten damals begriffen haben, dass die Erde eine Kugel und nicht etwa eine Scheibe ist. Der Stuttgarter Romanistikprofessor Reinhard Krüger (Reinhard Krüger: *Ein Versuch über die Archäologie der Globalisierung. Die Kugelgestalt der Erde und die globale Konzeption des Erdraums im Mittelalter,* Jahrbuch aus Lehre und Forschung der Universität Stuttgart, 2007, Seite 28–52) hat lange zu diesem Thema geforscht und kam zum Schluss: Schon im Mittelalter glaubte kein gebildeter Mensch mehr, dass die Erde Scheibenform habe, dieser Mythos sei eine Erfindung der Moderne – zu ihrem eigenen Ruhm.

Am 3. August 1492 ist es so weit. Vom andalusischen Palos de la Frontera aus bricht Kolumbus zu einer Seefahrt auf, die zur wichtigsten der Geschichte werden sollte. Drei Schiffe und 90 Mann Besatzung hat er bewilligt bekommen. Um seine skeptischen Matrosen auf der Fahrt ins Unbekannte ruhig zu halten, führt er zwei unterschiedliche Logbücher, ein korrektes, das aber nur er kennt, und ein offizielles, in dem er seiner Crew vorspiegelt, die Flotte sei immer noch so nahe in Spanien, dass eine Umkehr jederzeit möglich sei.

Zunächst gibt es aber noch einen letzten Halt, um Proviant und Wasser aufzufüllen und einige Reparaturen auszuführen: In den letzten Augusttagen laufen die Karavellen „Santa María", „Niña" und „Pinta" in die Bucht von San Sebastian de Gomera ein. Noch heute verkündet in dem Hafenstädtchen ein Schild an einem Brunnen stolz: „Mit diesem Wasser wurde Amerika getauft".

Am 6. September lichtet Kolumbus' Flotte dann die Anker wieder: Der Nordostwind – so hat der Chef errechnet – müsste seine Schiffe in weniger als 30 Tagen von Gomera aus nach Indien oder China tragen. Die Grundlage seiner Berechnungen sind abenteuerlich: Da die Strecke noch nie befahren worden war, hatte er versucht, zum Beispiel aus der Bibel nautische Hinweise herauszudestillieren, darüber hinaus hatte er umfangreiche Berechnungen angestellt, die sich später allesamt als falsch erwiesen. Dass die ganze Unternehmung auf tönernen Füßen steht, spürt auch die Besatzung: Sie ist verunsichert. Und mit jedem Seetag mehr schlägt die Angst vor dem Ungewissen immer stärker in Aggression um. Immer häufiger gibt es Schlägereien, das Misstrauen in die Pläne des Admirals wird von Tag zu Tag größer, schließlich scheint eine Meuterei unmittelbar bevorzustehen. In dieser gefährlichen Situation, in der die Nerven aller zum Zerreißen gespannt sind, entdeckt am 12. Oktober der Mann im Ausguck Land – nach 36 Tagen auf See.

Station 3: Amerika

Es ist nachvollziehbar, dass Kolumbus – nach Tagen explosiver Missstimmung an Bord – die Insel „San Salvador" tauft, auf Deutsch: Heiliger Erlöser. Allerdings: Der Name setzte sich nicht durch, heute heißt das Eiland Guanahani und gehört zu den Bahamas.

Der Rest ist bekannt: Die nackten Insulaner hält er für Ureinwohner Indiens, eben „Indianer", auf späteren Touren wird er vergeblich die Gangesmündung suchen, bis zu seinem Tod will es Kolumbus nicht akzeptieren, dass er nicht an seinem eigentlichen Ziel angekommen war, sondern auf halbem Weg von einer quer zur Fahrtrichtung liegenden Landmasse gestoppt worden war, die – zu allem Überfluss – später auch noch nach einem anderen benannt wird. Immerhin: Der Handelsfahrer Amerigo Vespucci war der Erste, der erkannte, dass „Amerika" ein eigenständiger Kontinent war.

Bei seiner Jahrtausendtat hatte Kolumbus noch einen zweiten Helfer. Denn der Nordostpassat trieb nicht nur die spanischen Karavellen nach Westen, sondern auch das Wasser unter ihnen. Durch den steten Wind entsteht zwischen Nordafrika und Mittelamerika der Nordäquatorialstrom. Doch drüben stieß nicht nur die spanische Flotte auf Land: Auch der Nordäquatorialstrom kann hier nicht weiter und wird abgelenkt, nach Norden, in den Golf von Mexiko, wo er nun – endlich! – Golfstrom heißt.

Doch dort ändert sich die Situation schlagartig: Der Golf von Mexiko ist ein riesiges bananenförmiges Becken, in das ständig das vom Wind getriebene „neue" Wasser einströmt. Das „alte" Wasser in diesem Becken hat aber nur einen Ausweg: Einen vergleichsweise schmalen Durchlass zwischen Florida und Kuba, die „Floridastraße". Das ist ein gerade mal 170 km breites Nadelöhr, das die riesigen Wassermengen zusammenpresst und durch den Druck gewaltig hochbeschleunigt. Ein Durchfluss von 32 Millionen Kubikmeter Wasser pro Sekunde wird hier gemessen, das heißt, in gerade mal 11 Sekunden schießt der Jahrestrinkwasserverbrauch von ganz Deutschland an einem Beobachter vorbei.

Die Folge: Der Golfstrom ist in diesem Abschnitt richtig schnell. Vor der Ostküste der USA erreicht er eine Geschwindigkeit von 9 km/h. In der Seglersprache ausgedrückt sind das 5 Knoten, auf einer Yacht eine schöne Reisegeschwindigkeit. Das heißt: Würde man zum Beispiel von Washington in Richtung Bahamas segeln und bei schönstem Halbwind fünf Knoten erreichen, dann – käme man keinen Millimeter von der Stelle. Denn mit derselben Geschwindigkeit, mit der die Yacht nach vorne segelt, treibt der Golfstrom das Wasser unter ihr in die entgegengesetzte Richtung.

Deshalb war auch bereits Kolumbus eines klar: Diesen riesigen Kräften hatte er mit seinen kleinen, wendigen Schiffen nichts entgegenzusetzen, der Weg zurück nach Hause würde nicht derselbe sein können wie der Hinweg.

Station 4: Der Nordatlantik

Der Schlüssel für Kolumbus' Rückreise lag zwischen 40° und 60° Nord: In diesen Breiten weht der Wind vorwiegend aus Westen, also in die entge-

gengesetzte Richtung wie weiter unten zwischen Nordafrika und Mittelamerika. Zwar ist diese „Westwinddrift" nicht so beständig wie der Nordostpassat, aber: Sie trieb die Schiffe ebenso in Richtung Europa wie das mittlerweile stark aufgeheizte Wasser des Golfstroms, der ab hier jetzt „Nordatlantikstrom" heißt.

Dieses Wissen um einen Windgürtel, der die Rückkehr ermöglichte, führte nach Kolumbus sehr schnell zu einer wirtschaftlichen Blüte: Der atlantische Dreieckshandel entstand. Und mit ihm eines der dunkelsten Kapitel der Menschheitsgeschichte: der Sklavenhandel.

Das Grundprinzip: Ein Handelsschiff fährt – Wind und Strom ausnutzend – ein Dreieck aus und wechselt dabei zwei Mal die Ladung: Von den Seehäfen Europas aus wurden Waffen, Luxusgüter und Alkohol zu den Kolonien Westafrikas gebracht. Doch dort wurden nach dem Löschen in die Laderäume Zwischendecks eingezogen, um möglichst viele Etagen für eine nicht stapelbare Ladung zu bekommen: Menschen. Bis zu 400 Afrikaner, die Menschenjäger auf Raubzügen durch das riesige Land gefangen und entführt hatten, wurden in die niedrigen Verschläge gepfercht und – nach einer qualvollen Überfahrt – in Mittel- oder Südamerika mit satten Gewinnen an Plantagenbesitzer verkauft.

Von dort fuhren die Schiffe dann wieder zurück nach Europa, mit konventionellem Handelsgut wie Gewürzen, Zuckerrohr oder Baumwolle beladen. Ein gutes halbes Jahr lang – von Oktober bis zum nächsten Frühsommer – dauerte eine solche Dreieckstour.

Was nicht jeder weiß: An dem dreckigen Geschäft verdienten sich auch deutsche Kaufleute eine goldene Nase. 1682 wurde die BAC, die Brandenburgisch-Afrikanische Compagnie, mit Sitz

Kolumbus' neues Wissen um Strömung und Wind schuf die Voraussetzung für ein besonders düsteres Kapitel der Seefahrtsgeschichte. Im sogenannten „atlantischen Dreieckshandel" waren die Schiffe zwischen ihrer 2. und 3. Station mit Menschen beladen – Sklaven, die in Amerika teuer verkauft wurden.

Obwohl hier unsere Hochs entstehen: Die Azoren präsentieren sich rau – mit einer schroffen Vulkanküste und einem wechselhaften Wetter.

in Emden gegründet. In ihrer Glanzzeit beteiligte sie sich mit einer gewaltigen Flotte von 34 Schiffen am atlantischen Dreieckshandel: Geschätzte 19 000 Sklaven verschleppte die BAC in den fast 30 Jahren ihrer Existenz, dann machten Streitigkeiten unter den Teilhabern und die Häufung von Piratenüberfällen der Gesellschaft ein Ende. Übrigens: Die Brandenburgisch-Afrikanische Compagnie gilt als erste deutsche Aktiengesellschaft – kein Stück Wirtschaftsgeschichte, auf das man stolz sein könnte.

Was nicht genug bekannt ist: Auch viele deutsche Geschäftsleute verdienten am Sklavenhandel gutes Geld. Einer der Hauptakteure war eine Gesellschaft aus Emden, die „Brandenburgisch-Afrikanische Compagnie". (Bild: Ankunft der Brandenburger in Guinea; aus: Schorers Familienblatt, Verlag Schorer, Berlin, 1885)

Station 5: Die Azoren

Vor dem Hintergrund des atlantischen Dreieckshandels versteht man sehr gut, warum die Azorengruppe ab Ende des 15. Jahrhunderts kein abgelegener, gottverlassener Flecken Erde mehr war, sondern ein geostrategisch überaus wichtiger Zwischenstopp. Auch Kolumbus wusste diese Möglichkeit, nach vielen Tagen auf See, wieder Frischwasser und Proviant zu bunkern, zu schätzen – allerdings mit Einschränkungen. Die Azoren gehörten schon damals zu Portugal, dessen Verhältnis zu Spanien sich ungefähr mit dem von Borussia Dortmund zu Bayern München vergleichen lässt. Als Kolumbus am 17. Februar 1493 vor der Insel Santa Maria ankert, entgeht er nur knapp einer Verhaftung.

Auch für andere Lebewesen sind die Azoren ein Fahrwasser nicht ohne Risiko. So stranden im Winter an den kalten Küsten Schottlands immer wieder Tiere, die da ganz sicher nicht hinwollten, zum Beispiel wärmeliebende Meeresschildkröten, die eigentlich Richtung Westafrika unterwegs waren und sich bei den Azoren vielleicht von einigen leckeren Krebsen zu sehr ablenken ließen – und die Abzweigung nach rechts verpassten. In der Nähe der Azoren trennt sich nämlich ein Zweig vom Nordatlantikstrom ab, der „Kanarenstrom". Von dort aus fließt er in Richtung Afrika und würde sich an der Westküste entlang nach Süden weiter bewegen – wenn ihn nicht zwei Hindernisse aufhalten würden: Der Passat und

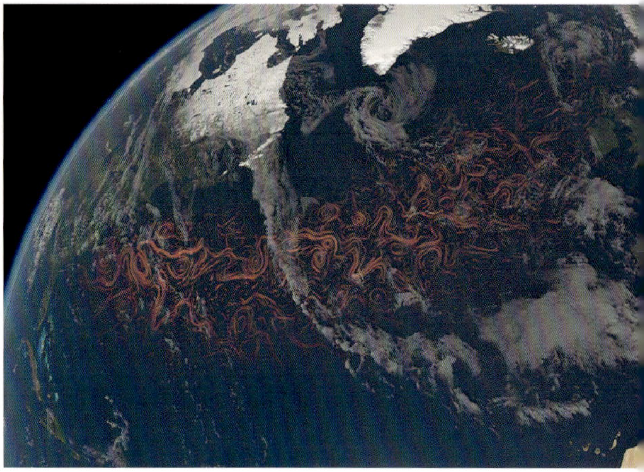

Eine Phase, in der der Golfstrom auch völlig zu Recht „Golf"-Strom heißt: Im Golf von Mexiko heizt sich das Wasser auf, bevor es – durch die Düse der engen Floridastraße beschleunigt – Richtung Europa fließt und dort seine Wärmeladung an die Luft abgibt.

die Kanarischen Inseln … aber: Das hatten wir ja schon. Hier schließt sich die kleine Variante unserer Stromtour. Hätte unser signalrot gefärbter Wassertropfen diesen kurzen Weg genommen, dann hätte er im besten Fall, wenn er nie in einer der unzähligen Verwirbelungen hängen geblieben wäre, fünf Jahre gebraucht.

Doch weitaus spannender ist ein Blick auf die große Runde. Denn: Biegt man bei den Azoren nicht in Richtung Kanaren ab, sondern folgt dem Nordatlantikstrom im Kielwasser der unvorsichtigen Schildkröten, gelangt man nach Europa. Und ab jetzt beginnt der Strom für unser Klima interessant zu werden.

Station 6: Europa

Machen Sie doch mal – am besten im Winter – folgende kleine meteorologische Beobachtungsreihe: Sie holen sich auf einer Wetter-App die Städte Kiel und Petropavlovsk-Kamchatski aufs Handy und schauen immer mal wieder drauf. Zum Beispiel der Tag, an dem dieses Kapitel geschrieben wurde: 10. Januar 2015. In Kiel ist es mit 12 °C ungewöhnlich mild, aber sehr stürmisch: Orkanböen mit über 100 km/h fegen über die deutschen Küsten. Ganz anders die Situation in Kamtschatka: –1 °C, leichter Schneefall möglich. Sie ahnen vielleicht den Hintergrund dieses Vergleichs: Beide Städte liegen auf demselben Breitengrad. Dass es in Kiel um 13 Grad wärmer ist, liegt an den riesigen Mengen immer noch sehr warmen Nordatlantikstromwassers, das wie eine Heizung wirkt. Doch an diesem 10. Januar bringt der Strom neben milden Temperaturen leider auch Sturm – geruhsame Spaziergänge sind an diesem Tag eher eine Sache für die russischen Weiten. Vorausgesetzt, dass man dort nicht einer hungrigen Kamtschatkabären-Familie begegnet.

Auf dem Weg von den Azoren nach Nordeuropa umspült der Nordatlantikstrom zunächst die Britischen Inseln und sorgt dafür, dass zum Beispiel auf der Isle of Jura in den sturmerprobten Hebriden, direkt vor der gleichnamigen Destillerie des berühmten Single Malt Whiskys, Palmen wachsen.

Eine weitere Station ist die norwegische Küste. Und auch dort zeigt ein Breitengradspaziergang am besten, wie es hier ohne den warmen Strom aussehen würde. Nehmen wir Lofthus im Hardangerfjord, auf dem 60. Breitengrad gelegen. Würde man weit genug nach Westen wandern, käme man nach Kangirsuk, einem Ort in Labrador, dessen Durchschnittstemperaturen vor allem den dort zahlreich lebenden Schlittenhunden entge-

genkommt. Und würde man jetzt noch weiter wandern, käme man – auf der anderen Seite des amerikanischen Kontinents – am Prinz-William-Sund in Alaska an. Die Webseite alaskasummer.com (Die Betonung liegt auf „summer"!) wirbt mit einem Foto dieses schönen Fleckens: Man sieht darauf dick vermummte Menschen, die in Kajaks zwischen Eisschollen paddeln.

Und Lofthus in Norwegen? Feiert jedes Jahr im Juli das „Morellfestivalen", das Kirschenfest. Mit vielen Attraktionen, zum Beispiel der norwegischen Meisterschaft im Kirschkernweitspucken. Der Hintergrund: Die Ufer des Hardangerfjords sind ein Zentrum des norwegischen Obstanbaus – Star der Region ist die Morelle, die Süßkirsche. Aber auch Äpfel, Birnen und Pflaumen wachsen hier. Lofthus ist auch der Sitz von „Bioforsk", einer renommierten Forschungsanstalt für Obstanbau, die zum Beispiel Versuche macht, dort oben Pfirsiche oder Nektarinen anzubauen.

Schlittenhunde in Labrador, Sommerfrische zwischen Eisschollen in Alaska und eine traumhafte Obstbaumblüte in Norwegen: Dreimal 60. Breitengrad. Aber nur einmal „Nordatlantikstrom".

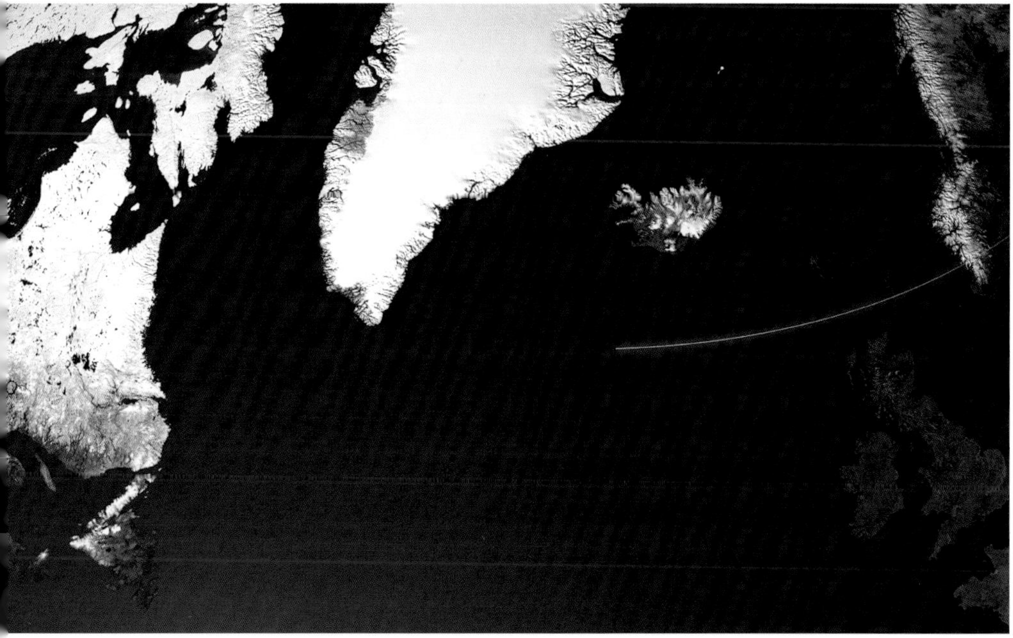

Eine Wanderung auf dem 60. Breitengrad zeigt: Ohne die Fernheizung „Golfstrom" wäre es in Norwegen so kalt wie an der Hudson Bay – und dort fühlen sich vor allem Eisbären wohl.

Rechte Seite oben: Kirschplantagen am Hardangerfjord Anfang Juli – und oben auf den Bergen liegt noch Schnee. Der Nordatlantik wärmt die Fjordufer so weit auf, dass die Obstbäume unten beste Bedingungen haben.

Rechte Seite unten: Die Ruine der Kirche von Hvalsey im Süden Grönlands, der Ort eines ungelösten Rätsels: Wohin verschwanden rund 5000 normannische Siedler Anfang des 15. Jahrhunderts?

Oben: Obstparadies Hardangerfjord. Das Klima ist hier so mild, dass Obstbauexperten wie Mekjell Meland (Bioforsk) hier bereits mit Aprikosen und Pfirsichen experimentieren.

Unten: Ungewöhnlich für einen Ort auf dem 60. Breitengrad – das Kirschfestival in Lofthus am Hardanger Fjord.

Zeit für ein paar martialische Zahlenspiele, um die gewaltige Dimension dieser flüssigen Fernheizung angemessen zu würdigen: Das Strömungssystem transportiert ungefähr 1,5 Billiarden Watt Leistung – ungefähr so viel wie zwei Millionen Kernkraftwerke produzieren. Dabei treibt es 100-mal so viel Wasser um, wie über alle Flüsse der Erde ins Meer fließt – und das alles seit Jahrtausenden. Bei diesem Strömungsförderband kommt einem der alte VW-Käfer-Slogan in den Sinn: „Er läuft … und läuft … und läuft". Das geht aber – wie beim Auto – nur mit zuverlässig arbeitenden Motoren.

Zwei dieser Turbinen haben wir bereits kennen gelernt: den Nordostpassat, dessen Stärke und Konstanz dafür sorgen, dass Atlantikwasser ständig in großen Mengen Richtung Südamerika getrieben wird, und die enge Straße von Florida, in der die Wassermengen zusammengepresst und beschleunigt werden.

Faszinierendes Naturschauspiel: In der Grönlandsee sinkt das Wasser des Nordatlantikstroms für viele hundert Jahre auf den Meeresgrund – Kälte und Salzgehalt machen es möglich.

Nun – hinter Island und Skandinavien– gerät der Strom in eine dritte Turbine. Und die wird das Wasser in das ewige Dunkel der Tiefsee pumpen; über viele Jahre wird unser signalroter Tropfen das Licht der Sonne nicht mehr wiedersehen: Goodbye sunshine, hallo darkness.

Station 7: Die Grönlandsee

Bleiben wir noch einen Moment bei unserem roten Tropfen. Wenn es für ihn gut gelaufen ist, ist er 5–10 Jahre nach seinem Start in La Gomera hier gelandet: in der Grönlandsee zwischen den Inseln Grönland, Island und Jan Mayen. Das heißt: Das, was jetzt kommt, bevor er wieder an die Oberfläche gesogen wird, dauert einige Jahrhunderte – wenn man davon ausgeht, dass die gesamte Rundreise 1000 Jahre dauert.

Warum das Nordatlantikwasser hier absinkt und sich von nun an entlang des Meeresbodens weiterbewegt, hat verschiedene Gründe. Auf seinem langen Weg durch die sehr heißen Regionen von Afrika über Mittelamerika bis in die Karibik hat sich der Strom bis auf 30° aufgeheizt und dabei – durch Verdunstung – viel Wasser verloren. Was das bedeutet, kann man sich besonders gut vorstellen, wenn man an die Salzgärten in der Normandie denkt: Dort wird Meerwasser in flachen Becken der Sonne ausgesetzt, weil man weiß, dass das verdunstende Wasser das schwere Salz nicht mit sich reißt – zurück bleibt eine weiße Kruste, das weiße Gold.

Ähnlich läuft das auch im Golfstrom ab: Wasser verflüchtigt sich, das Salz aber bleibt zurück. Die Konsequenz: Der Salzgehalt des Meerwassers nimmt zu.

Das ist die eine Veränderung, die das Strömungssystem nach vielen tausend Kilometern Reise erfährt. Die andere: Vor der Ostküste der USA, wo aus dem Golfstrom mittlerweile der Nordatlantikstrom geworden ist, kommt er in Kontakt mit dem Labradorstrom, der eiskaltes Wasser aus dem Nordpolarmeer mit sich führt – manchmal treiben hier auch Eisberge, wie zum Beispiel am 14. April 1912, als die „Titanic" dieses Gebiet passieren wollte.

Diese Durchmischung mit Eis führt zu einer kräftigen Abkühlung. Und dann wird – in der Grönlandsee – ein Punkt erreicht, der eine Dynamik in Gang setzt, die ebenso faszinierend wie schwer vorstellbar ist: Das Meerwasser stürzt geradezu in die Tiefe – und saugt damit frisches Wasser nach: der dritte Motor auf unserer Stromreise.

Was passiert hier? Stellen Sie sich einen Badestrand im Toten Meer vor: Da treiben die Menschen wie schwerelos im Wasser, sitzend oder liegend. Wer es einmal versucht haben sollte: Tauchen ist zwecklos, Sie schaffen es einfach nicht, unter Wasser zu kommen. Das heißt: Bei stark salzhaltigem Wasser braucht man viel Kraft, um es dort unten zu verdrängen und seinen Platz einzunehmen – es ist deutlich schwerer als Süßwasser. Deshalb ist sein natürlicher Platz unter und nicht – wie im Süßwasser – über dem Badenden. Es will nach unten, es sinkt ab.

Das ist der eine Effekt, der in der Grönlandsee wirksam wird. Den zweiten kennen Sie möglicherweise noch aus dem Physikunterricht. In eine Glasschale mit warmem Wasser wird gefärbtes, kaltes Wasser geträufelt. Die farbigen Schlieren zeigen deutlich: Das kalte Wasser sinkt sofort nach unten, es hat eine höhere Dichte als warmes.

Das Wasser des Golfstroms ist damit in zweierlei Hinsicht schwerer geworden: Es ist kälter und salzhaltiger zugleich. Und was jetzt passiert, bezeichnen Wissenschaftler als „Wasserfall". Riesige Mengen an kaltem, salzhaltigem Wasser verschwinden in der Tiefe, 15 Millionen Kubikmeter in jeder Sekunde – in 12 Sekunden gurgelt hier die gesamte Jahrestrinkwasserförderung Berlins nach unten. In der Fachsprache heißt dieser Vorgang „thermohaline Zirkulation", also ein Kreislauf, der durch Temperatur („thermo") und Salz (griechisch: „hálinos") in Bewegung gehalten wird.

Auf dem Meeresgrund wandert das abgesunkene Wasser durch mehrere Weltmeere, bevor es irgendwo wieder nach oben gespült oder gesogen wird – wie z. B. vor der Küste von La Gomera.

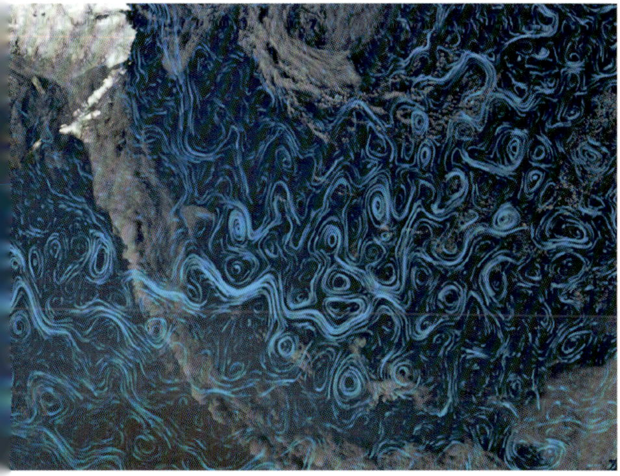

Station 8: Der Meeresboden

Am Meeresboden wartet auf unseren Tropfen als Erstes ein Abschied vom schnellen Leben: Hatte er in Spitzenzeiten bis zu 9 km/h zurückgelegt, wird er jetzt auf einige wenige 100 Meter pro Tag heruntergebremst. Dort unten – in 1,5 bis 3 km Tiefe – kommt die mächtigste Antriebskraft des Strömungsgürtels eben nicht hin: der Wind. Und so kriecht das kalte, salzige Wasser am Meeresgrund wieder zurück Richtung Mittelamerika, dann parallel am Kontinentalabhang Südamerikas entlang, wird am Ausgang des Südatlantiks vom Zirkumpolarstrom erfasst und um das Kap der Guten Hoffnung herum in den Indischen Ozean und danach südlich um Australien vorbei in den Pazifik gespült, wo unser Tropfen nun Richtung Norden wandert und in einem riesigen Seegebiet zwischen China und Amerika wieder nach oben kommt. Die Mechanik dahinter: Der Wind vertreibt das leichte Oberflächenwasser, das nun von unten – eben durch das Tiefenwasser – ersetzt werden muss. Unterstützt wird dieser Vorgang dadurch, dass es durch das nachdrängende neue Tiefenwasser nach oben geschoben wird. Nach mehreren Jahrhunderten tiefer Dunkelheit schwimmt unser signalroter Tropfen nun wieder obenauf und tritt seine Rückreise erneut über Australien und das Kap der Guten Hoffnung in den Atlantik an – eine Reise, die fast um den gesamten Erdball geführt hat, fängt von Neuem an.

Ein negativer Nebeneffekt des globalen Strömungssystems: Alles wird mitgenommen, egal ob sauber oder schmutzig. So befördert der Strömungsmechanismus auch Plastikmüll selbst in zivilisationsferne Regionen.

Und läuft … und läuft … Und was, wenn der Motor plötzlich aussetzt?

„Klimawandel: Golfstrom hat sich stark abgeschwächt", meldete der SPIEGEL in seiner ersten Dezemberausgabe 2005. Und weiter: „Es ist eines der Horrorszenarien, die im Zusammenhang mit dem Klimawandel immer wieder benannt werden: Der Golfstrom, Nordeuropas Warmwasserheizung, könnte versiegen. Messdaten zeigen jetzt erstmals, dass er tatsächlich an Kraft verliert."

Sie sehen: Auch in dem SPIEGEL-Artikel schließt der „Golfstrom" den Nordatlantikstrom begrifflich gleich mit ein.

Was eine Abschwächung oder ein Stottern des nordatlantischen Stroms bedeuten könnte, das hatten Millionen Menschen erst ein Jahr zuvor im Kino gesehen: In Roland Emmerichs „The day after tomorrow" wurde New York erst von einer riesigen Flutwelle überrollt, bevor die Rekordkälte kam und die berühmte Skyline in eine eiszapfenstarrende Gletscherlandschaft verwandelte.

Die Ursache im Film: Die globale Erwärmung war so weit fortgeschritten, dass der Labradorstrom den Nordatlantikstrom einfach nicht mehr weit genug herunterkuhlte – mit der Konsequenz, dass die Absinkautomatik in der Grönlandsee einfach stoppte: Das Wasser war nicht mehr schwer genug. Damit war der Wärmetransport unterbrochen, die ehemals milden Landstriche begannen daraufhin sich so zu verhalten, wie es ihrem Breitenkreis angemessen wäre: Kiel zum Beispiel würde sich klimatisch Kamtschatka und Lofthus Prince William Sund annähern – so die Kurzfassung der Story, die hinter dem Hollywood-Schocker steht.

Die Meldung vom Stocken des „Golf"stroms ging am 1. Dezember 2005 in Windeseile um die ganze Welt. Auslöser war ein Artikel in der renommierten Naturwissenschaftszeitung „Nature" gewesen. Dort berichteten Wissenschaftler vom National Oceanography Centre in Southampton von einer Forschungsreihe, die alarmierende Ergebnisse gezeigt hätte: Zwischen 1957 und 2004 habe sich die Zirkulation des Golfstroms um 30% verlangsamt. Ein Drittel weniger Leistung in nicht mal ganz 50 Jahren – die Katastrophe schien unmittelbar bevorzustehen.

Kürzens wir's ab: Die Forscher mussten zurückrudern, fünf Jahre später meldete der SPIEGEL: „Golfstrom: Europas Meeresheizung trotzt dem Klimawandel" und „Der Klimawandel könnte den Golfstrom zum Erliegen bringen und Nordeuropa drastisch abkühlen – dieses Szenario hatten Forscher lange befürchtet. Eine neue Studie aber zeigt jetzt: Der Golfstrom ist keineswegs schwächer geworden." (SPIEGEL, 26.3.2010)

Wie war es zu dieser gravierenden Fehleinschätzung gekommen? Für Professor Martin Visbeck, Ozeanograph beim Meeresforschungsinstitut GEOMAR in Kiel, ist das eine Frage der Forschungstechnologien, die den Forschern damals zur Verfügung standen: „Man hatte eben nur die Strömungsdaten aus der Woche, in der man im Untersuchungsgebiet unterwegs war." Der Umstand, dass das Strömungssystem – wie man inzwischen weiß – jahreszeitlich bedingt stark schwankt, konnte so dazu führen, dass man nichtsahnend eine starke Phase (1957) und eine schwache (2004) miteinander verglich und so ein völlig verzerrtes Bild der Wirklichkeit bekam.

Diese Bedingungen haben sich mittlerweile grundlegend geändert. Ab 2000 hatten Meeresforschungsinstitute weltweit mit dem – einige Jahre dauernden – Aufbau eines globalen Messnetzes begonnen. Basis waren „Floats“, Tauchroboter, die man in einem bestimmten Meeresgebiet aussetzt und die ferngesteuert Tauchgänge ausführen.

Auf ihrer Tauchstrecke zwischen der Wasseroberfläche und einer Tiefe von 1000 Metern messen sie immer wieder Dichte, Temperatur, Salzgehalt und andere Parameter – alle 10 Tage tauchen sie auf und funken ihre Resultate über einen Satelliten. 3500 solcher Tauchroboter waren Ende 2014 weltweit im Einsatz – Tendenz: steigend.

Damit weiß man mittlerweile zu jeder Zeit, wie es an den Hotspots der weltumspannenden Strömungen aussieht.

Nochmal zurück zu dem signalroten Tropfen, der über mehrere Jahrhunderte hinweg eine Reise rund um die Welt macht. Aus dem faszinierenden Gedanken lässt sich – leider – auch ein bedrückendes Bedrohungsszenario zimmern. Denn so wie einen gefärbten Wassertropfen nimmt das Stromsystem auch Gifte oder Müll mit auf Tour – und bringt sie in die entlegensten Gebiete unseres Erdballs. Stellen Sie sich einmal vor, auf einem Fußballfeld würden 83 Plastikteile herumliegen, leere Wasserflaschen, zusammengeknüllte Tüten oder zerrissene Verpackungsfolienstoffe – nicht schön, oder? Und eben dieses Bild bot sich Tiefseeforschern, die Fotos auswerteten – die aber nicht auf heruntergekommenen Sportplätzen, sondern auf dem Meeresgrund von Grönland und Spitzbergen aufgenommen wurden: hochgerechnet 83 Plastikmüllteile auf der Fläche eines Spielfelds – und dies in kaum besiedelten Gebieten! (nach: deutschlandfunk.de: *Die Entmüllung der Meere*, 12. Dezember 2013)

Weltweit haben sich fünf solcher ständig kreisender Müllstrudel gebildet, in denen sich die Plastikreste zwar ständig zerkleinern, nicht aber auflösen. An vielen Stellen haben die kleinsten Müllteile Planktongröße erreicht – kein Wunder, dass Plastikmüll zu einem ständig wachsenden Bestandteil auf dem Speisezettel von Meerestieren wurde. Ein Beispiel dazu: Wale speichern in ihrem Fettgewebe Umweltgifte besonders effizient – strandet einer von ihnen, wird er von den Behörden, die den Kadaver beseitigen müssen, als Sondermüll eingestuft.

Und das gilt – zwar in niedrigerer Dosis – auch für die Meerestiere, die wir essen. Sie sind Natur und Vorstufe zum Giftmüll in einem – Bon Appetit!

Und noch ein zweiter Punkt kommt dazu: Das globale Strömungssystem ist – aufgrund der langsamen Tiefenströmung – auch ein Langzeitgedächtnis unseres Klimasystems. Wenn die Menschen heute über Verschmutzung oder Aufheizung der Atmosphäre auch nur irgendetwas an seinen Parametern verändern: Die Konsequenzen werden unsere Ur-ur-ur (es folgen jetzt wieder die 32 weiteren „ur“)-Enkel auszubaden haben – dann, wenn der Strom seine Runde nach 1000 Jahren vollendet hat und zurückkehrt.

Das Zusammenspiel von Azorenhoch und Islandtief – die Nordatlantische Oszillation

Die beiden wichtigsten Akteure für unser mitteleuropäisches Wetter haben wir schon ausgemacht: das Azorenhoch und das Islandtief. Die NAO, wie man die Nordatlantische Oszillation erfreulicherweise abkürzen darf, ist nun eine Schwingung dieser beiden Drucksysteme, quasi eine Luftdruckschaukel zwischen zwei Zuständen, nämlich der positiven NAO, die einem starken Azorenhoch und einem starken Islandtief entspricht, und der negativen NAO, bei der Azorenhoch und Islandtief nur schwach ausgeprägt sind. Im Extremfall kann der Luftdruck bei negativer NAO über Island sogar höher sein als über den Azoren. Diese unterschiedlichen Luftdruckverhältnisse haben natürlich große Auswirkungen auf die Luftströmungen und damit auf Wetter und Temperaturen in ganz Europa.

Bei positiver NAO erleben wir milde Winter mit viel Wind und Regen, denn dann sind die Westwinde vom Atlantik kräftig. Auch in anderen Regionen treten typische Muster auf: Grönland ist eisig kalt, der Mittelmeerraum kühler und trockener als im Mittel und die Passatwinde von Nordafrika hinaus auf den Atlantik werden kräftiger.

Eine negative NAO zeigt ein vollkommen anderes Bild. Die Weströmung vom Atlantik schwächelt dann und verlagert sich nach Süden, wodurch der Mittelmeerraum feuchter wird. Bei uns hingegen bestimmt das Hoch über Russland das Wetter und östliche Winde können sibirische Kaltluft zu uns wehen – Voraussetzungen für harte Winter sind gegeben. Dafür herrschen in Grönland und der Arktis ungewöhnlich hohe Temperaturen.

Eine negative NAO führt bei uns ebenfalls zu einem extremeren Wettereindruck, denn ein schwächerer Westwind sorgt für ein gehäuftes Auftreten anderer Windrichtungen, etwa Nord- oder Südwetterlagen. Aus diesen Richtungen kommt keine gemäßigte Meeresluft, sondern – denken Sie nur an den Vergleich von Skandinavien mit Spanien – viel extremer temperierte Luft. Massive Temperatursprünge, die natürlich auch unserem Kreislauf zusetzen können, sind die Folge. Schneefall Anfang Mai, dafür aber zum Weihnachtsfest eher unerwünschte Temperaturen von knapp 20 °C wie in den Jahren 2012 und 2013 sind typische Zeichen negativer NAO. Und last but not least führt der Zusammenprall sehr unterschiedlicher Luftmassen zu häufigeren Schwergewittern und Hagelschauern.

Die Nordatlantische Oszillation wurde schon von skandinavischen Seefahrern auf ihren Reisen nach Grönland beobachtet und die Dänen bemerkten bald, dass strengen Wintern in Dänemark milde Winter in Grönland gegenüberstehen und umgekehrt.

Heute weiß man, dass es sich bei der NAO um eine freie Schwingung handelt, bei der eine Vielzahl von Bewegungsprozessen in Wechselwirkung zueinander stehen. Ergebnis: Die NAO schwingt auf vielen Zeitskalen. Es gibt Jahres- und Monatsschwankungen, teilweise sind sie sogar noch kürzer. Aber auch eine dekadische oder noch langfristigere Variabilität konnte festgestellt werden: So war die NAO in den 1960er-Jahren oft negativ, ab den 1980ern dominant positiv und sie begann kurz vor der Jahrtausendwende wieder zu negativen Werten zu tendieren. Der Winter 2009/2010 brachte dann die extremsten negativen Werte seit 150 Jahren. Interessant ist auch, dass sich die Schwingung seit rund 30 Jahren deutlich verstärkt, was – wie oben beschrieben – unser Wettergeschehen variabler macht. Ob dies jedoch auf den globalen Temperaturanstieg zurückzuführen ist oder nicht, ist wissenschaftlich noch nicht klar und wird derzeit intensiv untersucht.

KLIMAWANDEL

Ein Buch über Wetter ohne ein Kapitel über Klimawandel – geht das? Natürlich nicht. Dass das Thema Klimawandel bisher kaum eine Rolle spielte, hat einen Grund: Wir wollten den dritten Schritt nicht vor dem ersten tun. Wetter ist der Definition nach eine Momentaufnahme des atmosphärischen Geschehens an einem Ort. Wenn man – in einem zweiten Schritt – Wetter über drei Jahrzehnte hinweg beobachtet und über Mittelwerte, Extremwerte oder Häufigkeiten Buch führt, dann erhält man Aussagen zum Klima einer Region. Und erst in einem dritten Schritt, wenn sich diese Beobachtungswerte über einen längeren Zeitraum hinweg verändern, kann man von Klimawandel sprechen.

Wikinger verschwinden spurlos, ein Steinzeitmann taucht auf und Grönländer ernten Erdbeeren

Stellen Sie sich einmal vor: In einer Region X entwickelt sich das Regionalklima über ein Jahrzehnt mehr und mehr weg von vertrauten Phasen mit lang anhaltenden Landregen hin zu einzelnen schweren Unwettern mit Starkregen. Was ist die Konsequenz? Im ersten Fall – beim Landregen – wird der Boden nach und nach bis in tiefe Lagen mit Feuchtigkeit getränkt, im zweiten Fall schießen – wie beim Elbhochwasser – die Wassermassen über eine rasch gesättigte Bodenoberfläche in die Täler und werden dort ungenutzt von Bächen und Flüssen abtransportiert. Es leuchtet sofort ein, dass dieser Boden weniger Feuchtigkeitsreserven besitzt als der vom sanften Landregen nachhaltig verwöhnte und dass er damit deutlich anfälliger für Trockenperioden ist. Und das, obwohl – buchhalterisch übers Jahr gesehen – vielleicht die gleiche Menge Wasser vom Himmel gefallen ist.

In einem weiteren Schritt ist es auch vorstellbar, dass Menschen, die mitten in diesem Veränderungsprozess leben, diesen Prozess ganz anders wahrnehmen könnten. Sie merken freilich sehr wohl, dass sich da etwas verändert hat: Die Zahl der Unwetter hat zugenommen. Aber die andere Konsequenz entzieht sich ihrer unmittelbaren sinnlichen Wahrnehmung: die zunehmende Trockenheit in tieferen Bodenschichten. Da es schließ-

Eisschollen und Erdbeerplantagen:
Zwei Dinge, die sich in Grönland
nicht mehr gegenseitig ausschließen.

lich gleich mehrere Male so richtig geschüttet hat, empfinden sie das Jahr vielleicht sogar als feucht, erst die ständigen Ernteeinbußen machen sie vielleicht im Lauf der Zeit nachdenklich.

Das macht das Phänomen „Klimawandel" so vielschichtig: Es ist eben nicht alles allein mit der Messgröße „Temperaturanstieg" zu erfassen. Und: Pflanzen reagieren auf solche Veränderungen deutlich sensibler als der Mensch. So stellen zum Beispiel französische Winzer seit Jahren fest, dass sich traditionelle Weinsorten immer unwohler fühlen. Der Edel-Weinbauer Philippe Guigal berichtet im SPIEGEL (Nr. 44/2014, S. 66) von massiven Qualitätsproblemen bei der Grenache, der Schlüsseltraube für den Châteauneuf-du-Pape. „Die Rebe verträgt die Wärme nicht mehr, sie wird", sagt Guigal, „seit Neuestem störrisch". Die Reifeprozesse in den Trauben hätten sich voneinander abgekoppelt, der Zucker erreiche zu früh ein zu hohes Niveau, während die Beeren noch ganz unfertig seien. Farbe, Tannine, Aromen hinkten so weit hinterher, dass geordnete Ernten schwierig würden.

Das Problem: Das halbe bis ganze Grad mehr, das Luft und Meer mittlerweile haben, die schleichende Veränderung des Gleichgewichts von Sonne und Regen merken die Menschen vielleicht kaum – aber die Reben sehr wohl. Wenn die Winter und die Nächte nur eine Spur zu lau und die Sommer einen Tick zu trocken sind, bedeutet das: Die Reben kommen immer weniger zur Ruhe, der Stress nimmt dagegen zu.

Hvalseys „Nine-Sixteen" – Das Rätsel um das Verschwinden der grönländischen Wikinger

Das Phänomen „Klimawandel" muss nicht zwangslaufig so schleichend verlaufen. „Klima" kann auch „kippen". So sorgte ein solcher schneller Wechsel auch für eines der ganz großen ungelösten Rätsel in der europäischen Geschichte: das spurlose Verschwinden von mehreren Tausend Grönlandsiedlern Anfang des 15. Jahrhunderts.

Was man sicher weiß: Bis zum 16. September 1408 war die Welt in Grönland noch in Ordnung – zumindest aus amtlicher Sicht. Denn von diesem Tag datiert der letzte Eintrag in das Kirchenbuch einer kleinen Siedlung namens Hvalsey: Er hält die Hochzeit von Herrn Thorstein Olafsson mit Fräulein Sigrid Björnsdottir fest. Das Mysteriöse daran: Bis zu diesem Tag wurde das Gemeindebuch penibel geführt, Geburten, Hochzeiten, Hinrichtungen, Begräbnisse … doch dann reißen die Aufzeichnungen unvermittelt ab. Warum? Was geschah nach dem 16. September? Ist dieser Tag das „nine-sixteen" Hvalseys, eine Katastrophe wie „nine-eleven" im Jahr 2001 für New York?

Von Anfang an: Grönland war bereits um das Jahr 1000 von dem Wikinger Erik dem Roten besiedelt worden. Der Mann hatte Ärger in seiner Heimat Island bekommen, war für drei Jahre verbannt worden und landete auf seiner Suche nach einem praktikablen Exil an der grönländischen Küste. Da das riesige Land erstens nahezu menschenleer und zweitens klimatisch annehmbar war, ließ er sich dort nieder und warb auf Island nach Ablauf seiner Verbannungszeit Siedlungswillige an – mit Erfolg.

In den Jahrzehnten und Jahrhunderten danach wuchsen und gediehen vor allem zwei Siedlungen, die „östliche" und die „westliche" – um 1400 lebten dort rund 5000 Wikinger, die im Wesentlichen Viehzucht und Handel mit dem Heimatland Norwegen betrieben – Elfenbein aus Walrosszähnen gegen Holz, Eisen und europäische Lu-

Die Kirchenruine von Hvalsey im Süden Grönlands: Ort eines Klimakrimis? Was geschah hier nach dem 16. September 1408?

xusgüter wie Geschirr oder Stoffe, auf die die grönländische Elite auch so weit draußen nicht verzichten wollte. Und: Die Grönländer waren christianisiert worden, hatten sogar einen eigenen Bischof.

Doch dann muss es im oder nach dem Herbst 1408 zu einer Katastrophe gekommen sein. Eine festgefügte Gesellschaft, die sich an europäischen Werten orientierte, die hochentwickelt war und Handel mit dem Heimatland betrieb – wie konnte sie einfach so verschwinden, ohne dass zum Beispiel die Handelspartner der Grönländer dies bemerkten?

Ein Erklärungsversuch, den man immer wieder hört: Die Grönländer fielen einem „rapid climate change", einem plötzlichen Klimawandel, zum Opfer. Wie kann man sich dies vorstellen? Wie „plötzlich" kann so ein Klimawandel sein? Verändert sich über Jahre hinweg die Durchschnittstemperatur fast unmerklich, bis sie den Punkt erreicht, an dem zum Beispiel die Ernte nicht mehr reift oder andere ökologische Systeme schlagartig kippen?

Was man sicher weiß: Der Beginn des 15. Jahrhunderts ist auch der Start der sogenannten „kleinen Eiszeit". Die Ursache war – vermutlich – ein Ursachenmix: eine verminderte Sonnenaktivität, mehrere kurz aufeinanderfolgende Vulkanausbrüche, eine Abschwächung des Golfstroms. Die Folge: Im größten Teil der damals bekannten Welt sanken die Durchschnittstemperaturen um 1–2 °C ab – das klingt nicht gerade hochdramatisch, war es aber. Zum Beispiel für Grönland: Mit der Abkühlung begannen – nach einer langen Warmphase – die Gletscher wieder zu wachsen, mehr und mehr Kulturland wurde von den vorrückenden Gletscherzungen begraben.

Vielleicht lief es dann so: Irgendwann reichte das verbliebene grüne Weideland einfach nicht mehr, um 5000 Mäuler satt zu kriegen. Und/oder: Ab

So ähnlich haben auch die grönländischen Siedlungen ausgesehen: Wikingerzeitliche Living History im schwedischen Fotevikens Museum.

Nachbau einer Wikinger-Kirche in Qassiarsuk, dem früheren Brattahlid, wo sich um 1000 n. Chr. der Gründungsvater der grönländischen Siedlungen, Erik der Rote, niedergelassen hatte.

einem bestimmten Jahr begann im Frühjahr das Wintereis an den Küsten nicht mehr aufzutauen und man musste entsetzt feststellen, dass man abgeschnitten war, weil kein Schiff die Insel mehr erreichen oder verlassen konnte.

Der amerikanische Anthropologe Jared Diamond hat in seinem faszinierenden Bestseller „Kollaps – Warum Gesellschaften überleben oder untergehen" den Niedergang der Wikinger auf Grönland mit kriminalistischer Akribie untersucht und die Fakten auf über 100 Seiten minutiös ausgebreitet. Heraus kam das Porträt einer hochentwickelten Gesellschaft, die die Signale ihrer Umwelt nicht nur arrogant ignoriert, sondern ihr auch eine Nutzung aufzwingt, die sie nach und nach zerstört. Kommt einem irgendwie bekannt vor, nicht wahr? Diamonds faszinierende Behauptung: Der Klimawandel war der Anlass des Aussterbens der grönländischen Wikinger, aber nicht die Ursache. Die Siedler hätten das Klimadesaster durchaus abwettern können, dafür hätten sie aber eine andere Haltung zu ihrer Umwelt einnehmen müssen.

Der erste dieser später tödlich wirkenden Faktoren: Die Grönländer bauten die Viehzucht immer weiter aus. Das Problem dabei: In diesen frostigen Regionen wächst Gras äußerst langsam. Das, was immer mehr Tiere wegfraßen oder zertrampelten, regenerierte nicht schnell genug und hatte zur Folge, dass die Wikinger immer weiter entfernte Weidengebiete erschließen mussten. Und irgendwann waren diese für ein vernünftiges Wirtschaften zu weit weg. Darüber hinaus stachen sie auch großflächig Grassoden für den Hausbau ab, denn es gab kein Holz auf Grönland – die wenigen Bäume hatte die erste Siedlergeneration gefällt und dann verbrannt oder verbaut.

Der zweite tödliche Fehler: Sie ignorierten das andere Volk, das auf Grönland lebte, völlig. Die Inuit, ein arktisches Volk, waren etwa um dieselbe Zeit in Grönland eingewandert wie die Wikinger. Im Gegensatz zu den eher bäuerlichen Siedlern waren die Inuit geschickte Jäger, die an Land Karibus, Walrosse und Vögel erlegten und mit ihren wendigen, pfeilschnellen Kajaks Robben und Wale aus dem Eismeer holten. Dabei waren sie hochgradig flexibel: Ihr ganzer Lebensstil war optimal an diese Umweltbedingungen angepasst, so hatten sie zum Beispiel eine raffinierte Technik entwickelt, um sich vor der Kälte zu schützen: den Bau von Häusern aus Schnee, die Iglus.

Bei den zahlreichen archäologischen Funden aus dieser Epoche ergaben sich kaum Hinweise, dass die beiden Völker Kontakt miteinander hatten und zum Beispiel Handel betrieben. Anstatt von diesen genialen Jägern und Überlebenskünstler zu lernen, verachteten die Wikinger die Inuit. Das zeigt schon die Bezeichnung, die sie ihnen gaben: „Skraelings" – zu deutsch: „Wichte". In einer der ganz seltenen Schriftstücke, die man aus dieser Zeit gefunden hat, werden diesen Nachbarn gerade drei Sätze gewidmet; der erste und der dritte sind belanglos, der zweite aber ist äußerst aufschlussreich: „Bringt man ihnen eine Wunde bei, welche nicht tödlich ist, wird die Wunde weiß und sie bluten nicht, aber wenn sie tödlich verletzt sind, bluten sie unaufhörlich" (zitiert nach Diamond, Frankfurt a. M. 2005, S. 327). Es spricht nicht gerade für eine herzliche Willkommenskultur, wenn man von seinem Nachbarvolk mehr über dessen Wundsymptomatik bei Stichverletzungen weiß als beispielsweise über dessen Lebensweise, Sitten oder Gebräuche …

Ein weiterer Faktor: Der wichtigste Exportartikel der Wikinger war das Elfenbein aus den Zähnen

Ein Bild, das viel über Grönland aussagt: Wegen der kargen Landschaft bleibt den Menschen nicht viel anderes übrig, als sich die Nahrung aus dem Meer zu holen.

von Walrossen. Als in der Folge der Kreuzzüge Elfenbein mehr und mehr aus dem Orient nach Europa kam, erlosch bei den Händlern das Interesse an Grönland zunehmend – die Handelskontakte Grönlands mit Europa schliefen ein, am Ende kam gerade mal noch ein Schiff pro Jahr.

Und dann setzte der Klimawandel ein. Und die Katastrophe nahm ihren Lauf, weil möglicherweise jetzt alle diese Faktoren unheilvoll ineinandergriffen und sich zu einem tödlichen Mix verquickten. Immer weniger Heu, um die Tiere zu füttern, kaum Möglichkeiten, die sich auftuende Ernährungslücke über Handel mit dem Heimatland Norwegen zu kompensieren, Zunahme der Feindseligkeiten mit den Inuit – und dazu kam noch die große Kälte, die die eh schon magere Ernte nicht mehr reifen ließ.

Aus den archäologischen Funden an den Siedlungsorten der Wikinger lassen sich erschütternde Szenarien herauslesen. So wurden beispielsweise Knochen von Tieren gefunden, die man schon kurz nach der Geburt geschlachtet hatte: Kälber, Vögel, Hunde; die Hungersnot muss so groß gewesen sein, dass man nicht mehr warten konnte, bis die Tiere ein vernünftiges Schlachtgewicht hatten.

Für Jared Diamond ist das rätselhafte Verschwinden der Wikinger vor diesem Hintergrund deshalb kein Rätsel mehr. Mit zunehmender Verknappung der Nahrungsmittel glichen die Siedlungen am Ende „einem überfüllten Rettungsboot". Die Hungernden zogen an die Höfe, auf denen es noch Tiere gab – und ließen sich dort nicht abweisen. „Die Autorität der Kirchenbeamten (…) und des Landbesitzers wurden so lange anerkannt, wie sie und die Macht Gottes ihre Untergebenen und Anhänger sichtbar schützten. Aber Hungersnot und die damit verbundenen Krankheiten führten dazu, dass der Respekt vor Autoritäten schwand" (S. 341).

Unternehmungslustige Familie: Der Vater, Erik der Rote (rechts), besiedelte Grönland, sein Sohn Leif Eriksson gilt als der wahre Entdecker Amerikas – knappe 500 Jahre vor Kolumbus.

Könnte so gewesen sein: In blutigen Gewaltexzessen schlachteten die Verhungernden alles, was sie finden konnte, und zerstörten so alle Ressourcen, die sie noch besaßen. Rings herum war das Meer voller Wale, Robben und Fische – nur: Die Wikinger waren eher Farmer als Jäger gewesen. Und die, die das Jagen verstanden, hatte man als „Wichte" diffamiert, deren Leben den Wikinger nicht viel wert war. Und vielleicht rächten die sich ja jetzt, da die arroganten Normannen zu schwach waren, um sich zu wehren …

Vielleicht gingen aber auch viele Wikinger einfach nur zurück, zum Beispiel nach Norwegen, wo die Pest ganze Landstriche verheert hatte, mit der Konsequenz, dass dort viele Gehöfte leer standen, die man, ohne dass jemand Notiz davon nahm, in Besitz nehmen konnte.

Und der Schreiber von Hvalsey sah vielleicht keinen Sinn mehr darin, weiterhin minutiös ein Kirchenbuch zu führen, wo sich draußen vor der Kirchentür die wohlgeordnete Welt im Chaos auflöste.

Erst 1721 – also über 300 Jahre nach dem letzten Eintrag von Hvalsey – wurde das Verschwinden der Wikinger überhaupt bemerkt. Eine dänische Missionsreise machte in Grönland Station und der Missionar Hans Egede suchte vergeblich nach den christlichen Siedlern. Was er dagegen fand, waren massenhaft Inuit: Sie hatten die Klimakatastrophe überlebt – dank ihres Lebensstils, den sie optimal an die Umwelt angepasst hatten.

Fast 300 Jahre dauerte es, bis das Verschwinden der normannischen Siedler bemerkt wurde – durch den norwegischen Missionar Hans Egede (1686–1758).

Dass Klimaveränderungen Weltgeschichte schreiben können, haben Sie ja auch im Islandkapitel gelesen: Es war der Ausbruch des Vulkans Laki 1783, der mitverantwortlich war für den Ausbruch der Französischen Revolution, weil er eine Serie von kalten Sommern mit Missernten und Hungerrevolten auslöste.

Ein weiteres faszinierendes Kapitel Klimageschichte spielt in den Alpen. Den Hauptdarsteller kennen Sie alle: „Ötzi", die Eismumie vom Hauslabjoch, gefunden auf 3208 Meter Höhe an der Grenze zwischen Österreich und Italien.

„Ötzi" – wie ein Mord Klimageschichte schrieb

Es hatte 10 Jahre gedauert, bis sie bei einer Routineuntersuchung entdeckt wurde: Die Pfeilspitze, die die Ursache für den Tod des Eismanns war. Seit 2001 weiß man nun: „Ötzi" war von hinten ermordet worden. Dass er aber nicht nur Mordopfer ist, sondern auch eine wichtige Rolle als Klimazeuge spielt, ist weniger bekannt. Denn: Die Existenz der Eismumie ist nur einem grandiosen Zufall zu verdanken. Es hat sich gezeigt, dass der Tag des Mordanschlags vor rund 5300 Jahren mit einem gewaltigen Naturereignis zusammengefallen sein muss: einem abrupten Klimawandel. Der Reihe nach: Dass der „Gletschermann" – wie er fälschlicherweise genannt wird – in eine Gletscherspalte gefallen ist, wird in der Wissenschaft aus mehreren Gründen ausgeschlossen. Einer davon: Gletscherleichen sehen anders aus, sie werden von dem wandernden Eismassen förmlich zerrieben. Ein anderer: Das Klima in der Jungsteinzeit war um 2–2,5 °C wärmer als heute, es war feuchter,

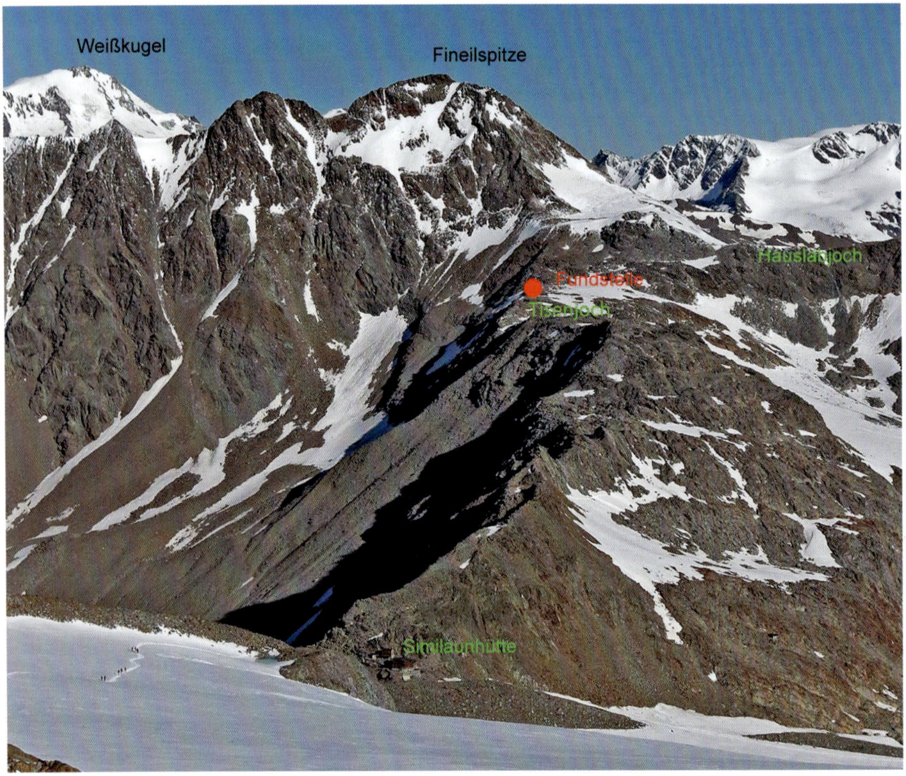

Das Tisenjoch oberhalb des Schnalstals. In dieser atemberaubenden Szenerie wurde 1991 „Ötzi" entdeckt: Blieb seine Leiche nur deshalb erhalten, weil sie nach einem schnellen Kilmawandel durch Dauerschnee und -kälte konserviert wurde? Rechts das „Ötzi"- Denkmal am Tisenjoch.

eine fruchtbare Phase, in der sowohl Wüsten als auch Gletscher ihre geringste Ausdehnung hatten.

Und „Ötzi" hatte das Hauslabjoch auch mitten im Sommer begangen, das ließ sich anhand der Blütenpollen in Magen und an seiner Kleidung ziemlich sicher nachvollziehen: Die Blühzeit dieser Pflanzen lag um Juni/Juli herum.

Frage: Warum ist „Ötzis" Leiche dann eigentlich nicht verwest? Oder von wilden Tieren gefressen worden? Die Antwort: Weil sie unmittelbar nach dem Tod von Schnee bedeckt worden sein muss. Und zwar dauerhaft. Bis zu diesem 23. September 1991, als ihn das Ehepaar Simon aus dem Schnee ragen sah.

Der Paläoklimatologe Wolf Dieter Blümel von der Uni Stuttgart hat diese erstaunlichen klimatischen Umstände im Umfeld von „Ötzis" Tod untersucht. Blümels Fazit: „Sein Tod vor 5300 Jahren bestätigt einen sprunghaften Klimawechsel, der das postglaziale Wärmemaximum schlagartig beendete. ‚Ötzi' wurde in einer wachsenden Schnee- und Firndecke konserviert, sein Körper durch Sublimationsprozesse dehydriert und damit mumifiziert. Ohne zwischenzeitlich länger wieder aufgedeckt zu werden – dann wäre die Leiche zerfallen –, überdauerte der ‚Eismann' mehr als fünf Jahrtausende, bis durch die aktuelle klimatische Erwärmung die abtauende Firnkappe am Hauslabjoch die Mumie wieder freigab" (Dieter Blümel, 20 000 Jahre Klimawandel und Kulturgeschichte – von der Eiszeit in die Gegenwart, in: Jahrbuch aus Lehre und Forschung der Universität Stuttgart 2002, S. 2–19, insbes. S. 11).

So könnte der Mann aus dem Eis mit seinem Tod das Ende der einen und mit seiner Entdeckung den Anfang der nächsten Erderwärmung markieren – ein faszinierender Gedanke.

Und was hat das alles mit uns zu tun?

Das Fazit des vorangegangenen Abschnitts könnte nun lauten: Es hat schon immer Warmzeiten gegeben. Zu „Ötzis" Lebenszeit war es deutlich milder als heute, und auch das Grönland vor 1400 war wahrscheinlich etwas wärmer als heute. Und: Beide Male war das Klima so warm geworden, ohne dass jemand zuvor an der CO_2-Schraube gedreht hätte.

Also könnte man doch jetzt fragen: Da es Klimaerwärmungen schon immer gab, könnte es nicht sein, dass die Rolle des Menschen bei der aktuellen Erwärmung überschätzt wird?

Die Antwort fällt ziemlich klar und deutlich aus, wenn man sich die Mühe macht, die „natürliche" von der „menschengemachten" Erwärmung zu trennen.

Rechte Seite, oben: Impression aus dem Süden Grönlands: Sonnenbad an schmelzendem Gletscher.

Rechte Seite, unten: Überall, wo das Inlandeis ins Meer geschoben wird, brechen große Stücke ab und treiben als Schollen durch die Fjorde.

Der Aspekt „natürlich" ist dabei relativ rasch abgehandelt: Wir leben in einer Eiszeit, da laut Definition mindestens ein Pol vergletschert ist beziehungsweise es in den beiden Hemisphären größere Vergletscherungen gibt. Und beides ist ja der Fall.

Allerdings ist dies eine warme Phase der Eiszeit, die etwa alle 100 000 Jahre mit einer kalten Phase abwechselt. Verantwortlich für diese Zyklen sind drei Vorgänge: Erstens läuft die Erde nicht stets exakt auf derselben Umlaufbahn, die die Sonne umkreist, sondern kann – zum Beispiel durch die Anziehung anderer Planeten – abgelenkt werden. Damit gibt es Zeitphasen, in der sie näher an der Sonne vorbeiläuft und solche, in der sie weiter entfernt ist. Darüber hinaus ist die Erde nicht immer in der gleichen Jahreszeit der Sonne am nächsten beziehungsweise am fernsten: Im Moment liegt der sonnennächste Punkt im Nordwinter, in 11 500 Jahren wird er im Nordsommer liegen. Dies beeinflusst die Verteilung der Sonnenenergiemenge auf der Erde, wie auch beim dritten Vorgang, dem „Eiern" der Erde, der entsteht, weil die Schrägstellung der Erdachse zwischen 21,5 und 24,5 Grad pendelt.

Da all diese Veränderungen aber nicht von heute auf morgen, sondern sehr langfristig, zum Beispiel über mehrere Jahrhunderte auftreten, kann sich die Natur – z.B. qua Evolution – darauf einstellen.

Beim Thema „menschengemacht" wird es nun schwieriger. Denn jetzt muss man gegen Ideologien, Ängste, Profitinteressen oder einfach nur gegen Verdrängung oder Nicht-wissen-Wollen argumentieren. Und das heißt: Logik reicht da oft nicht aus.

Die aktuelle Debatte: Welchen Anteil wir Menschen an der Misere haben

Statt einer ausführlichen wissenschaftlichen Beweisführung nur ein Gedanke. Er zeigt deutlich die Dimension dessen, was wir aktuell tun: Wir blasen in einem einzigen Jahr dieselbe Menge Kohlendioxid (CO_2) in die Luft, die ihr Pflanzen und Tiere mühsam in 1 Million Jahren entzogen hatten.

Zur Erläuterung kurz einen Schritt zurück: Seit Jahrmillionen haben Kleinstlebewesen und Pflanzen Kohlendioxid aus der Luft gezogen, daraus das Material für ihr Zellwachstum geholt und das Abfallprodukt, Sauerstoff, an die Luft abgegeben. Der Kohlenstoff verblieb dagegen in Panzern, Rinden, Blättern oder Wurzeln. Diejenigen Pflanzen und Tiere, die nach ihrem Absterben nicht verwesten, sondern von Wasser, Sand oder Erde vom Luftsauerstoff abgeschlossen wurden, verwandelten sich dann im Laufe der Zeit in das,

Hier versteht man, warum Grönland das „Grün" im Namen trägt: Die landwirtschaftliche Versuchsanstalt Upernaviarsuk.

was wir die „fossilen Energien" nennen: Kohle, Öl, Gas. Was wir verbrennen, ist nichts anderes als dieser gespeicherte Kohlenstoff.

1 zu 1 Million! Will wirklich jemand allen Ernstes behaupten, dass unsere Atmosphäre diesen CO_2-Tsunami einfach so wegsteckt? Das wird spätestens dann sehr schwierig, wenn man sich anschaut, wie das CO_2 dort oben wirkt. Die Sonnenstrahlung, die von der Erde zurückgeworfen wird, kann immer schlechter ins All entweichen, weil sie immer stärker in dieser dichter werdenden Hülle hängen bleibt – der an sich natürliche Treibhauseffekt,

der unsere Erde schützt, wird so immer weiter verstärkt, die Temperaturen darunter steigen kontinuierlich an.

Sicher, schuld ist dabei nicht allein das CO_2, es gibt auch andere Treibhausgase. Aber keines davon bringen wir in so großer Menge in die Atmosphäre: 36 Milliarden Tonnen jedes Jahr, und das momentan mit zunehmender Tendenz. Und so steigen die Temperaturen auf dem gesamten Erdball derzeit schneller als jemals zuvor in der Menschheitsgeschichte.

Auf unserer Reise für dieses Buch sind uns überall – auf den Azoren, in Deutschland, in Norwegen, in Island, in Grönland – Meteorologen und Wissenschaftler begegnet, die in ihrer Region einen kontinuierlichen Anstieg der Temperaturen feststellen. Alle sprachen unisono von 1–1,5 Grad in den vergangenen Jahren. Klingt nach wenig. Erinnern Sie sich aber an die „kleine Eiszeit": Da reichten ein bis zwei Grad weniger, um die Lebensverhältnisse dramatisch zu verändern.

Auch heute wird es am Beispiel Grönlands deutlich sichtbar, was passiert, wenn dieser Trend sich einfach so fortsetzt. In Südgrönland ist es mittlerweile so warm geworden, dass wir bei den Dreharbeiten für unsere Fernsehdokumentation Beete mit Freilandsalat und Erdbeeren filmen konnten. Und auch noch eine Vegetationsform,

Oben: Sieht nicht wie Grönland aus, ist aber Grönland: Durch die Zucht widerstandsfähiger Sorten und die Verwendung wärmender Folie kann mittlerweile auch Gemüse angebaut werden;

Unten: Auch Salat wächst hier mittlerweile unter freiem Himmel – bislang musste jeder einzelne Kopf aus Dänemark eingeflogen werden.

Was hat der Jetstream mit dem Klimawandel zu tun?

In der Info-Box über den Jetstream (Seite 78ff.) wurde gezeigt, dass dieser über dynamische Prozesse Hochs und Tiefs erzeugt, die unser tägliches Wettergeschehen bestimmen. Je nachdem, wie schnell die Wellen – also die Tröge, unter denen die Tiefs am Boden entstehen, und die Rücken, unter denen die Hochs entstehen – über uns hinwegziehen, erleben wir langsamere oder eben auch schnellere Wetterwechsel. Ein solcher Ablauf, überlagert vom Wechsel der Jahreszeiten, zeichnet unser mitteleuropäisches Wettergeschehen aus!

In den vergangenen Jahren haben sich jedoch einige Komponenten messbar, andere eher „gefühlt" verändert. Messbar im relevanten Klimazeitraum von 30 Jahren, der benötigt wird, um einen ausreichenden Datensatz zur Beurteilung langfristiger Trends zu haben, ist zum Beispiel eine deutliche Zunahme der heißen Tage mit über 30 °C in unserem Land. Ebenso hat die Zahl der Tage, an denen ein Tief mit seinem Kern über Mitteleuropa liegt, signifikant zugenommen oder etwa die Regenfälle im Winter. Im Sommer lässt sich ein solcher Trend hingegen nicht feststellen. „Gefühlt" erleben wir gerade in jüngster Zeit mehr lokale Unwetter mit Starkregen, Hagel und sogar Tornados – im Frühjahr 2015 trafen gleich drei davon bewohntes Gebiet und richteten großen Schaden an. Betrachtet man aber den (langfristigen) Klimatrend, so lässt sich bei Unwettern noch keine eindeutige, rein meteorologische Aussage treffen. Die Versicherungen weisen zwar eine deutliche Zunahme der Schadenfälle aus, doch spielt hier zusätzlich die deutlich gestiegene Wertschöpfung eine Rolle. Wissenschaftler gehen allerdings davon aus, dass es sehr plausibel ist, in Zukunft eine Unwetterzunahme zu erwarten.

Um diesen Gedanken nachzuvollziehen, schweifen wir in die Ferne, nämlich hin zum Eis in der Arktis. Dies zieht sich derzeit extrem schnell zurück, vor allem das Meereis. Haben wir viel Eis auf dem Meer, wird eine große Menge der Sonnenenergie von der weißen Eisfläche ins Weltall zurückgeworfen. Ist die Eismenge geringer, dann verbleibt viel mehr Sonnenenergie im Erdsystem und wärmt den arktischen Ozean auf, der seine Energie wiederum an die Atmosphäre abgeben kann. Ergebnis: In den vergangenen Jahren stiegen die Temperaturen in den nördlichsten Breiten unseres Planeten durch diesen Effekt viel stärker als irgendwo sonst. Verbinden wir diese Erkenntnis mit dem Jetstream: Dieser ist ja eine Folge der Temperaturunterschiede zwischen Äquator und Pol. Wenn sich die Nordpolarregion aber deutlich schneller erwärmt, so nimmt der Temperaturunterschied zwischen

Nord und Süd ab und der Jetstream wird dadurch geschwächt. Eine Folge dieser Schwächung ist ein stärkeres Mäandrieren bei einer Störung, was bedeutet, dass Warmluft weiter nach Norden und Kaltluft weiter nach Süden vorankommen kann und die Temperaturschwankungen bei uns damit zunehmen können. Außerdem führt die Begegnung von unterschiedlicheren Luftmassen auch zu extremeren Wettererscheinungen, wie zum Beispiel Hagelunwettern. Von großer Bedeutung ist aber noch eine andere Beobachtung. Messungen ergaben nämlich, dass der Strahlstrom durch Resonanz immer häufiger zu einer stehenden Welle neigt. Die Tröge und Rücken verbleiben dann lange an einer Stelle und damit auch die Hochs und Tiefs am Boden. Quasi eine Art „Standwetter". Im Winter 2013/2014 konnte man das gut beobachten, denn während wir ständig Südwestwinde erlebten und mit dieser warmen Strömung der Winter mehr oder weniger ausfiel, gab es in den USA fast nur Nordwestwinde, mit denen kanadische Kaltluft ins Land geströmt ist. Ein Kälterekord jagte den nächsten. Deshalb wurde dort der Satz „wo ist denn der Klimawandel, wenn man ihn mal braucht" zum geflügelten Wort. Wenn dieses „Standwetter" in Zukunft immer häufiger vorkommt, dann muss natürlich mit mehr Trockenheit und Dürren (das Hoch bleibt stehen) und gleichermaßen mit mehr Starkregen- und Hochwasserlagen (das Tief bleibt stehen) gerechnet werden. Dies entspricht genau den Aussagen der Klimamodelle für die Zukunft. Es stecken also durchaus nachvollziehbare physikalische Prozesse dahinter. Das Wetter verhält sich dann nämlich wie ein defekter Rasensprenger, der das Wasser immer auf dieselbe Stelle verteilt. Auf der einen Seite entsteht so eine Pfütze und auf der anderen verdorrt der eigentlich zu beregnende Rasen.

Eisschollen in kristallklarem Wasser: Ein fantastisches Naturschauspiel mitten im arktischen Sommer.

die uns Mitteleuropäer eher unspektakulär erscheint: Wald. Seit 30 Jahren sammelt eine engagierte Wissenschaftlergruppe weltweit Bäume und pflanzt sie auf der waldfreien Insel an. Die Bäume wachsen langsam. Aber sie wachsen.

Das ist der Moment, in dem man glauben könnte, der Klimawandel hätte durchaus auch sein Gutes. Aber gleich im Fjord nebenan tickt – oder besser: tropft – die Zeitbombe. Grönlands Gletscher schmelzen seit Jahren dramatisch schnell. Was das Problem auch für uns so gravierend macht: Grönland ist zu rund 80 % mit teilweise Kilometer dickem Eis bedeckt. Und: Grönland ist mit seinen 1,8 Millionen Quadratkilometern genau doppelt so groß wie Deutschland und Frankreich zusammen. Würde alles Eis komplett abschmelzen, würde der Meeresspiegel um gewaltige sieben Meter ansteigen.

Das hieße, sich von Städten wie Kiel, Kopenhagen, Amsterdam, Marseille oder Genua verabschieden zu müssen, weil diese Hafenstädte als Erstes überflutet würden. Aber: Damit wäre ja nicht Schluss, es gibt – neben dem grönländischen – auch noch das Eis der Pole und der Gebirgsgletscher.

Nein, das soll keine Panikmache sein, das ist schlichtweg die Größenordnung, über die wir reden. Denn: Diesen Prozess bekommen wir ganz ohne Hilfe der Natur hin. Es reicht, die Atmosphäre einfach weiter so aufzuheizen wie bisher.

Was unsere Industriegesellschaft bislang geschafft hat: Vor 1 900 lag die C02-Konzentration in der Atmosphäre noch unter 300 ppm (parts per million), im Frühsommer 2015 überschritt sie erstmals weltweit dauerhaft die 400 ppm-Schwelle – das ist ein satter Anstieg um ein Drittel in etwas mehr als 100 Jahren. Legt man über diese Grafik die Kurve des globalen Temperaturanstiegs im selben Zeitfenster darüber, dann sind beide Kurven nahezu deckungsgleich – dass beide Entwicklungen nichts miteinander zu tun haben sollen, ist damit mehr als unwahrscheinlich. Wer dennoch daran zweifelt, sollte auf die Webseite des Potsdam-Instituts für Klimafolgenforschung gehen. Unter www.pik-potsdam.de/~stefan/Publications/Other/rahmstorf_neu_2004.pdf findet man eine Skizze mit den Ergebnissen von Eiskernbohrungen: Über 350 000 Jahre zurück ist dieser Gleichschritt von CO_2 und Temperatur zu verfolgen – immer wenn der CO_2-Gehalt der Luft stieg, stieg auch die Temperatur. Man könnte aus diesem Umstand nun zwei Dinge herauslesen, einmal: Oho, es gab also auch damals schon massive CO_2-Konzentrationen in der Atmosphäre – und damals hat ja wohl noch keine Industrie diese Unmengen an Kohlendioxid in die Luft geblasen. Stimmt: Das CO_2 stieg damals aus den erwärmten Ozeanen auf, dann, wenn zum Beispiel zuvor durch eine Änderung der Erdumlaufbahn die Temperaturen nach oben gegangen waren. Was wir aber heute tun: Wir impfen die Atmosphäre ohne den Umweg über den Ozean direkt mit dem Kohlendioxid und sorgen so für einen Mechanismus ganz ohne natürliche Vorgänge. Einen neuen Rekordstand – 400 ppm – haben wir bereits aufgestellt, wenn wir so weitermachen, werden neue Rekorde folgen – unsere Auspuffrohre und Schornsteine sind in Sachen „Verschmutzung" sehr effizient, das haben sie ja bewiesen.

Das ist der menschengemachte Teil am Klimawandel. Und die Verantwortung für diesen Teil werden wir nicht los – weder durch Ignorieren noch durch Wegdiskutieren.

Allerdings könnte man aus der Potsdamer Grafik auch etwas anderes herauslesen: Den Weg aus der Misere. Denn aus den Werten geht zudem hervor, dass es jedes Mal wieder kühler wurde, wenn die CO_2-Konzentration in der Atmosphäre abnahm. Der Weg des „Gleichschritts" führt eben nicht nur nach oben, sondern auch nach unten. Deshalb gibt es für uns nur eine Möglichkeit: Wir müssen die CO_2-Konzentration in der Atmosphäre wieder senken, durch den Verzicht auf Kohle, Gas und Öl.

So einfach ist das!

Und so schwierig!

Aber: Machbar!

Die beiden Autoren bei einem Windstärke-Selbstversuch im Windkanal des Deutschen Zentrums für Luft- und Raumfahrt in Köln.

Rolf Schlenker, Wissenschaftsjournalist im Südwestrundfunk, hat für das Erste viele aufsehenerregende Formate entwickelt, darunter TV-Dokumentationen wie „Von null auf 42 – sieben absolute Nichtläufer auf ihrem Weg zum New York-Marathon", „Steinzeit – das Experiment" oder die internationale Koproduktion „Messners Alpen". Für die Zeitreise „Schwarzwaldhaus 1902" wurde er 2003 mit dem Grimme-Preis ausgezeichnet. Er ist Autor mehrerer Sachbücher, im Belser Verlag sind „Kunst für Einsteiger" und „Architektur für Einsteiger" erschienen.
Sein besonderer Bezug zum Thema Wetter: Er ist leidenschaftlicher Segler.

Sven Plöger präsentiert seit 1999 für zahlreiche deutsche TV- und Hörfunksender den täglichen Wetterbericht und ist den Zuschauern vor allem aus dem „Wetter im Ersten" vor der Tagesschau und im Anschluss an die Tagesthemen bekannt. 2010 erhielt er auf dem Extremwetterkongress in Bremerhaven die Auszeichnung „Bester Wettermoderator Deutschlands". Der Diplommeteorologe und Klimaexperte beteiligt sich seit vielen Jahren intensiv an den Diskussionen zum Klimawandel und zur Energiewende und hat mit mehreren Büchern zum Thema neue Maßstäbe gesetzt – sowohl für die wissenschaftliche als auch für die politische Diskussion. Sein persönlicher Bezug zum Wetter: Er ist begeisterter Segel- und Gleitschirmflieger.